昆虫之美

ARCANE

李元胜 图文

雨林秘境 ②

RAINFOREST

熟悉花朵仿佛旧友重逢
冷僻物种犹如深奥文字

重庆大学出版社

图书在版编目（CIP）数据

昆虫之美. 2，雨林秘境 / 李元胜图文. — 重庆：重
庆大学出版社，2015.10（2018.10重印）
（好奇心书系）
ISBN 978-7-5624-9267-2

Ⅰ. ①昆…　Ⅱ. ①李…　Ⅲ. ①昆虫学—普及读物
Ⅳ. ①Q96-49

中国版本图书馆CIP数据核字（2015）第148564号

昆虫之美 2

雨林秘境

李元胜　图文

策划：鹿角文化工作室
责任编辑：梁　涛　　版式设计：周　娟　钟　琛　刘　玲
责任校对：谢　芳　　责任印制：赵　晟

*

重庆大学出版社出版发行
出版人：易树平
社址：重庆市沙坪坝区大学城西路21号
邮编：401331
电话：（023）88617190　88617185（中小学）
传真：（023）88617186　88617166
网址：http://www.cqup.com.cn
邮箱：fxk@cqup.com.cn（营销中心）
全国新华书店经销
重庆新金雅迪艺术印刷有限公司印刷

*

开本：787mm×960mm　1/16　印张：15.25　字数：257千
2015年10月第1版　　2018年10月第2次印刷
印数：7 101—10 100
ISBN 978-7-5624-9267-2　定价：68.00元

作者说 ZUOZHESHUO

就像边缘磨损的书

我喜欢无人光顾的小溪、林中空地

喜欢它无穷的闲笔

我喜欢树林像溪水一样经过我

喜欢阳光下，身体发出果肉的气息

我喜欢突如其来的电闪雷鸣

也喜欢雨后，群峰寂静无声

熟悉花朵仿佛旧友重逢

冷僻物种犹如深奥文字

我读得很慢，时光因为无用而令人欣喜

目录 CONTENTS

露珠里的世界 /001

八月。空中悬挂着水滴的雨季。整个西双版纳的上空，就像一张变化不定的桌布。

望天树的昼与夜 /013

勐腊的南腊河，与望天树的原始雨林互相滋润，形成了类似亚马逊河流地带的景观。

菜阳河：雨林之上 / 030

思小高速应该称得上中国最美的高速公路之一吧，路在雨林中穿行，沿途甚至还有观察点，可以随时进观察点泊车区，去森林里散散步。

春节到版纳拍蝴蝶 /042

它停在一片草叶上，安静地等候阳光，翅膀上挂满了露水钻石。

公路通向曼燕村 /055

在这条路上浏览窗外景色，就像用幻灯片模式，欣赏一个热带相片册，很多景致一闪而过，让你来不及琢磨。

绿石林印象 /066

热带沟谷雨林接近原始雨林的生态，我曾三次在这个景区消磨时光。

夜里的声响 /077

夜深了，版纳植物园并不寂静，虫声此伏彼起，相当热闹。

大浪坝 /086

我看到了晨光的来源，它从天边的云缝里泄露而出，投射到我们所处的位置，而把山下的大片田野和河流，留在阴影里。

关于燕凤蝶 /097

燕凤蝶是中国最小的凤蝶，好几年里，对常居重庆的我来说，它是一种传说中的蝴蝶。

尖峰岭上的星光 /106

尖峰岭临海，所以气候和海南岛腹地有所不同，明显干燥得多，甚至看不出一点雨季的迹象，路边的草叶都有些枯黄。

一次恐怖而美丽的考察 /117

最恐怖的一次，是当天晚上，他在草丛中寻找竹节虫，几分钟的时间，袜子上布满了一层蚂蟥。

有呼吸的宝石 /126

这些千奇百怪的瓢蜡蝉，就像有呼吸的宝石一样，有着非常美丽的形状和图案，非常迷人。

黄猄蚁小记 / 137

黄猄蚁是一种织巢蚁，喜欢在空中筑巢，树枝上安家。

树干上的故事 /146

就像从一面镜子里面，看到一个城市，一棵树也可以作为这样的镜子，它映射出很多整个树林的信息。

跟我去看蝉的羽化 /159

这个季节倒有另一个不错的节目——那就是打着电筒，去看蝉的羽化。

灯光下的昆虫 /171

很多珍稀昆虫，或者成虫发生期短，或者生活习性比较隐蔽，也很难被我们发现。

花间 /180

蜜腺分泌着糖分，散发着甜甜的香味，吸引着昆虫源源不断地赶来吮吸。

从自怀、赤水到黄荆老林 /197

考察方式是比较随机的田野调查方式，白天和晚上分别进行户外观察搜索、拍照记录，另外选择条件较好的地方进行灯诱。

茂兰笔记：时光的停顿 /219

在遥远的时代，那里本来是被雨水冲刷得干干净净的无边无际岩石堆，雨水顺着岩石漏斗转入地下，成为神秘地下河流。

后记 /236

▼ 黄斑珊蟋

露珠里的世界
LUZHULI DE SHIJIE

Chapter one

　　八月。空中悬挂着水滴的雨季。

　　整个西双版纳的上空，就像一张变化不定的桌布。云团时而沸腾着聚集，密密的雨脚笼罩着下面的雨林和原野；时而散开，下面顿时晴空万里。有时，晴空中会多几朵点缀似的云。说点缀，是它们真的太小了。它们独自带来的雨点，甚至打不湿一个森林公园，你可以在亭子里，看左边的雨，看右边的烈日，如同看一本魔法书。

▲ 野象谷通道和树上观察点

　　这样的季节，从万米高空看下去，近 400 公顷的勐养自然保护区就像一片上半部模糊、下半部边缘清楚的阔叶。思小高速像一根丝线，穿过这片阔叶，而在高速公路的左边，有一粒晶亮的露珠，里面变幻不定，仿佛有着另一个世界。

　　那其实是整个热带常绿阔叶林中的一块空地，建筑、溪流、人工开凿的湖，都向天空反射着光，才会让空中经过的人，看到这粒神奇的露珠。那正是野象谷，位于保护区的南端——一个被团队游客的脚步严重磨损的地方。

　　暑假里，源源不绝的游人勤奋地行走在野象谷的步道上，他们沿固定的线路，准确无误地按程序游览：在公园入口的广场看表演，索道排队，下索道后步行回到公园入口，餐后上车离开。

　　我不知道，他们看到的野象谷是什么，我只知道，肯定和我所了解到的完全不同。

　　繁忙的旅游活动，肯定让一些羞怯的物种退避三舍，但野象谷，仍然是观察昆虫的绝佳区域，因为这一带空间相对开阔，是密密丛林透气的地方，这里的溪流，甚至人类开垦、种植等活动散发到空中的微粒，都会让很多美丽的蝴蝶兴冲冲地飞来。

　　现在的时间是下午五点，游人们陆续钻进大巴远去，整个公园安静了下来。这个时间的步道才是步道啊，它如此美妙，整个视野里除了繁茂的林木、遍布着野花和浆果的草丛，就是蝴蝶飞来飞去。偶尔，还会有甲虫笨重地飞过，完全脱离控制地栽落到草丛中。

　　在步道两边的灌木和草丛中，最容易发现的是直翅目种类的昆虫。这个规律几乎适合我考察过的所有野外，在有些地方，甚至整整几个小时的观察里，出现在你眼里的都是各种各样的螽斯和蝗虫。再比如，秋天，虫声一片，除开蝉的最后嘶鸣外，其他的声音都来自直翅目昆虫。

　　它们真是成功而繁荣的大家族。对这个大家族，我总的来说有点厌倦了，但是在整个西双版纳，在三岔河地区，在这条步道上，我必须例外，因为这里的

▲ 版纳蝗

▼ 多恩乌蜢

直翅目，有着精彩的造型和令人震惊的颜色，它们都是不容错过的神奇物种。

比如版纳蝗，它的颜色是黑和黄的精致搭配，离开这个地区，你在地球上的任何地方都找不到同样的物种，它只属于西双版纳。另一种蜢科的昆虫多恩乌蜢，它不太像自然界的物种，更像动漫作品中的角色，长得非常夸张——很多热带生活的物种都有类似的特征。

在横过小路的树干上，我发现了黄斑珊螽，它本来正无所事事地往下爬。这棵树倒仆着却又生机勃勃发着新枝叶，旁边有一杆路灯，我怀疑是前夜的灯光，把这只黄斑珊螽吸引到了这里。

我凑得太近，让它有些警惕，继而有些恼怒——或者，它明显感觉到威胁正在逼近。身体突然膨胀了数倍，这其实是它把翅

▼ 一只硕大的卷象

膀整个竖了起来。它前翅拼命举起，后翅如折叠的锦绣次第展开又合上，想必，它经常这样吓退天敌吧。我笑了一下，拍下照片后，轻手轻脚离开，它立即恢复了之前悠闲的姿势。

　　和直翅目种类容易发现不同，有些珍稀的双翅目种类，则需要专业的眼光才能找到。

　　凹曲突眼蝇是一种较小的突眼蝇，它们飞行能力不强，但非常活跃，在草丛中飞个不停。第一次看到突眼蝇的人，都会感觉惊讶，因为它们的眼睛是由眼柄举到空中去的。这样的结构，是因为它们是在相对阴暗的落叶和草丛里生活，为了适应这个环境，更好地保护自己，它们进化出了这样的眼柄和眼睛。

　　比凹曲突眼蝇更小的，是野象谷溪边石滩上的拟突眼蝇，它的眼柄就要保守些，短而结实，即使这样，它两个复眼的距离仍然宽于身体的宽度，这同样使它获得了较大的视野。

▲ 虻的复眼，因光线不同千变万化

▲ 拟突眼蝇

▲ 珍灰蝶　　　　　　　　　　　　　　　　　　▲ 银灰蝶

　　就在凹曲突眼蝇出没的草丛上方、灌木枝上，还有着另一种神奇的双翅目种类——甲蝇。它有着甲虫的背板，但它的头型和口器又明明确确说明它是属于蝇类。三岔河的物种是地球最宝贵的收藏之一。如此多的神奇物种，就在距游人脚边一米的杂灌中活着，却不在人们的视野里。

　　那么，有没有距游人不到一米的呢？有，比如这种尚难鉴定的袖蜡蝉，就在小道边的姜科植物的背面。由于只在这种植物上找到它，我也有点怀疑它不是本地物种，而是危害这种园林植物的害虫。

◀ 甲蝇

正当我推敲着精致的袖蜡蝉的时候，一场急雨刷地落了下来，我撑开伞继续散步。一会儿，雨就停了，夕阳又缓慢穿透这片丛林和溪流。

雨抚摸后的丛林边缘，出现了更多的漂亮物种。斑凤蝶、文蛱蝶、律蛱蝶甚至平时高高在上的裳蛱蝶都出现在视野里，难道雨一点都没把它们打湿？

引起我浓厚兴趣的，是一只在草叶上一动不动的珍灰蝶——它只顾吸着雨水，没注意到我的靠近。它后翅两根长长的白色尾突真是迷人，不可思议。我一边拍摄，一边想：进化出这样的特殊尾突是为了飞行，还是为了性的竞争？

天色开始变暗。但是，昆虫却显得更加忙碌。一只追杀蚊虫的黄翅腹腮螅，把伫立

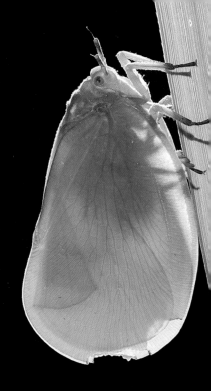

▲ 蛾蜡蝉

◀ 黄翅腹腮螅

我当成了一截朽木，直接停在我的肩，逆光看去，它翅上的半截红色真鲜。我轻轻抖动了一下身子，它吃惊地高，停在一截真正的枯枝上，并把头斜对着我，这表明了这是它需要防范警惕的方向。

当我继续靠近时，它迅速再度拉升，到了更高的树枝上，并保持着同样的度和姿势。

但是，我顾不得跟踪它了。在因为急雨而变得浑浊的溪水上方，我发现了一对争夺地盘的双孔阳隼蟌。

它们不是以厮打，而是以优雅的舞姿进行较量。它们时而贴着水面疾飞，时而拉起再俯冲，眼看要撞上波浪了，又迅速拉高。在我观察它们的半个小时里，它们一直这样较量着，较量着，仿佛谁都不认输，谁都有着无穷的耐心。

▲ 一种罕见的玛弄蝶，翅全黑，后翅腹面有黄边

这是一场输不起的比赛啊。输掉的舞者，将被迫离开这片水域，以及这片水域里生活的雌性，到陌生而荒凉的地方顾影自怜，了此残生。

夕阳突然消失了。我不由把视线从这两只微型直升飞机上移开。新的时间就要开始。但是只要有新的一天，这些飞行、波光、各种神奇的图案，就仍然是野象谷里最迷人的段落。

而且，多数时候它们处在人们的视线之外。

望天树的昼与夜

WANGTIANSHU DE ZHOUYUYE

Chapter two

　　勐腊的南腊河，与望天树的原始雨林互相滋润，形成了类似亚马逊河流地带的景观。说是类似，只是因为这一带的河畔，有着历史悠久的人类活动，植被并没有电影中的亚马逊场景那样繁茂。但这已是在大陆能看到的较好的雨林河流了。我花了好几个小时，好奇地蹲在一个钓者的身边，有一句无一句地和他聊天。他钓起的鱼，我一条也不认识——河水里，有着我们不知道的另一个世界，那里活跃着我几乎不了解的居民。

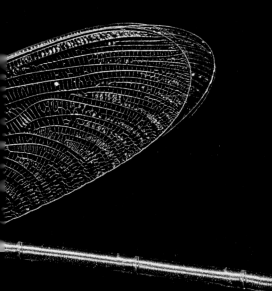

◀ 透顶单脉色螅

▲ 笔直的走廊切割着天空

▲ 浮在空中的林中路

　　而沿着河岸拾级而上，便进入了望天树景区，珍贵的热带雨林在这里被较好地保存了下来。作为伟大的自然遗产之书，望天树为远道而来的读者提供了格外有趣的阅读方式：你可以沿着南腊河阅读，这一路由晃动的波光将你层层簇拥；你可以沿着菲利普小道或蔡希陶小道阅读，那两条小道，都像是雨林中的一条窄窄的缝，甚至像密林中的绿色隧道；你也可以享受美国植物学家摩尔的创意，沿着空中走廊去荡气回肠地阅读。

　　作为望天树自然保护区的另类读者，我想我发现了更多的阅读方式：比如用手电筒去逐行扫描夜色中的雨林；比如在小道的某些段落，不计时间成本地反复研读那些精灵古怪的珍稀物种；比如把望天树的昼与夜对照起来读，啊啊，这才能读到望天树极致的美——雨林的博大丰富与精致繁复完美地结合起来了。

　　白天走在望天树景区，仰头向上望去，你会发现，这里的天空是双层的。你首先看到的是龙脑香科柳安属望天

▲ 补蛙村村民家门前漂亮的石斛

◀ 突眼蝇

树的树冠编织的天空，然后透过树冠的缝隙，你才能勉强看到真正的天空——有着白云飘过的蓝天。

我几乎在望天树景区花费了两个完整的白天，这样的时间，对于了解或拍摄这个地区的物种，短得过于局促。除了一个多小时体会空中走廊外，其余的时间我都在树间小道上紧张地工作，特别是沿着溪水的那些地方，经常让我忙得满头大汗。

望天树最容易发现的双翅目昆虫是突眼蝇，尽管有思想准备，它们的密度还是让我大吃一惊。

第一次进入小道观察时，我就发现了它们，眼柄格外长，眼睛被夸张地举到头部上空。在一些落叶上，它们三三两两地停着，有些因为交配而重叠在一起，有些则在空中飞行。突眼蝇的飞行是比较笨拙的，速度缓慢，姿势也很奇怪，它们细小的翅膀拼命振动着，勉强拖着身体起飞，它们的腹部看起来是直直地下垂着的，而一对突眼被高高地举起，看来很拖累飞行。

有时我甚至觉得它们会因为飞不动而掉下来，但它们在我的担心中，最终都飞到了想去的地方。

虽然在望天树遇到的突眼蝇眼柄格外长，但我判断它们和在野象谷拍到的是同一个种类：凹曲突眼蝇。这种突眼蝇的雄性眼柄就是时长时短，总的来说，在望天树看到的眼柄都较长。

为配合我的拍摄工作，景区方面友善地派了一个保

体长仅两毫米的半翅目种类

安给我做向导。这个年轻人好奇心很强，我拍什么，他就努力靠近去观察，还会惊叹一声，说从来没有看清楚过这东西！原来它们竟然长得是这个样子，眼睛是举起来的！他这么热心，我很感动。但也经常惊飞了我想拍的小东西，让人有点懊恼。最终我鼓起勇气提出：他只能跟在后面，特别是在我发现目标，蹲下去要拍摄时，他还得保持一步之遥的距离。这个可爱的年轻人想必是军人出身，他真的就永远保持一步距离，但他会努力伸长他的脖子来满足好奇心。那样子非常有趣，像一只伸长脖子的可爱的鹅，逗得我忍不住笑了几回——简直没法严肃地工作。

　　除了突眼蝇，我在小道上还发现了众多的半翅目种类，特别是蜡蝉总科的小东西。这是我特别喜欢的类群，长得非常夸张，但是它们很警觉。一有动静，就会用发达的后肢一踢，整个身体就从待着的树枝上子弹一样弹射出去。有时候，我担心拍摄会惊飞它们，情愿不举起相机，先贪婪地把它们仔细观察了又观察，才小心地开始拍摄。

▼ 突眼蝇

这两天中最让我激动的发现，是在一片又宽又长的姜科植物叶片上找到了一只棘蝉。它不像是活着的生物，更像是精心雕刻出来的艺术品！它有着透明的翅膀，但和身体相比，这翅膀有点偏小，估计它仍然是善于弹跳吧。这是珍稀种类，属于巢沫蝉科，据我所知，在此之前仅有人在贵州拍到过它的生态照片。顾名思义，它和沫蝉还是不同的，如果你在野外，看见一团团唾沫状的东西，不要以为有人不讲卫生，其实那是沫蝉若虫保护自己的方式。而巢沫蝉若虫会做一个管状的巢。

▼ 看起来和角蝉有点像，但却是棘蝉

另一个让我震惊的发现，是在一丛阔叶灌木上发现了群聚的伪瓢甲，场面十分壮观。最多的一片叶子上有20多只，它们并不重叠，也不活动，静静地保持着间距，待在树叶上。在我有限的昆虫知识中，还真没有伪瓢甲有群聚爱好的印象。之前发现的伪瓢甲，都是单独活动的。为了获得更好的拍摄角度，我轻轻地调整了树叶的方向，有几只甲虫就掉下去了，我拍完后数了一下，只有17只了。

▲ 罕见的伪瓢甲群聚情景

▲ 龟甲

　　本来还寄希望在空中走廊能发现在树冠活动的昆虫，最终，我失望了。绳子栏杆上，倒是有黄猄蚁来来去去，让我紧张——吃过它们亏的，咬一下会针扎似的痛。有一种硕大黑色的蝉，在高大的望天树间飞来飞去，给了我些许安慰。

　　如果抛开急切想看到新奇物种的贪婪，从空中观察热带雨林，其实是非常美的。脚下的雨林时疏时密，一律缩小了收纳在一起，同时，空中的云朵又好像近了很多。人走在两层空间的分界线上，周边的一切真有种梦幻美。

▲ 神奇的果实，果仁裸露无遗

　　现在该谈到夜晚的望天树了，它并不像人们想象的那样安静，螽斯、蟋蟀和竹蛉的声音充塞着整个空间，让它们像一个巨大的生产着的车间。这里似乎永远没有真正的黑夜，天只是深蓝色的绒布，上面挂着硕大的星星，间或，还有云朵从星空飘过。

　　我在望天树的大门广场和树林中的游泳场，搞过两次深夜的灯诱。

▲ 丽盾蝽

▲ 蜉蝣

　　树林中那次很冷清，只有一些蜉蝣拜访了我悬挂起的白布。无所事事的我，只好拿着手电，在小道上数色螽的个数，还真多，它们不像白天那样警觉，停在相对高一点的灌木上一动不动。但是我真喜欢那里夜晚的空气，凉丝丝的，又似乎带着一点薄荷的清香。我估计我散步时，一定踩到了唇形科植物，让它们的气味被稀释后混合进空气。

但是大门前的挂灯，却是空前的热闹，当然，这种热闹也不是我所希望的。估计有上百只蝉猛烈地闯到灯前来，而且一律发出尖锐的声音。难道只有雄性蝉才趋光？这个现象值得研究一下。

▲ 菱蜡蝉科种类

▲ 灯诱来的硕大蜡蝉

▲ 一种较罕见的蜡蝉

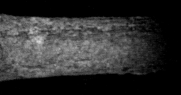

这些豪客，完全像是来大闹酒席的，其他纤弱的昆虫，完全经不起它们的撞击，七零八落，有些干脆飞走了。直到深夜，蝉的数量减少了。灯下逐渐恢复了秩序，天蚕蛾成了主角，它们硕大的翅膀，灵动的尾突，让灯下成为了舞蹈团的地盘。

我从这个时候才开始真正忙碌起来，寻找没见过的天蚕蛾、长相奇特的蜡蝉以及各种甲虫。拍摄、记录着它们，每一种没见过的昆虫，都会带给我小小的惊喜。这种感觉真是棒极了，我总是希望这样的长夜永不结束，无穷无尽。

菜阳河：雨林之上

CAIYANGHE: YULIN ZHISHANG

Chapter three

　　我记得那天驱车从昭通至菜阳河，一路上穿过了很多场雨，逐渐习惯了雨和骄阳瞬间交替出现。车到思小高速时，已经是傍晚，雨正好停了，前方暮色四起。那也是我第一次驾车开上思小高速，借着微弱的天光，看到公路两边不断掠过茂密的原始森林，有很奇幻的感觉。思小高速应该称得上是中国最美的高速公路之一吧！路在雨林中穿行，沿途甚至还有观察点，可以随时进观察点泊车区，去森林里散散步。

注：据最新消息，菜阳河国家森林公园已经正式更名为太阳河国家森林公园。

▼ 被惊动的叶蝉从一根细枝蹦向另一根，
　 快门凝固了它蹦到空中的一瞬间

很多幽静的步道，可惜逢雨，未能都去走走（李芳行摄）

　　在思小高速开了 20 多分钟，就沿着旅游公路上山了。前方又是另一种景象——不再是从雨林的外围观赏，而是深入内部。苍茫的树林中，夜色被车灯射出巨大的洞，我们就像是在一个柔软而充满弹性的隧道里穿行。又像是进入了巨大的建筑群，树干像经过精心设计的柱子，撑起了墨绿色的天空，不时有蛾子、甲虫在车灯中一晃而过，提醒我们进入了一个生命格外繁茂的王国。

　　找到科考中心住下后，兴奋地推开窗，夜空下，看得出科考中心处在森林中较高的山丘上。更大的惊喜是在次日，早餐后从宾馆出来散步，想先看看四周环境，意外发现——原来宾馆旁边有一个高高的瞭望塔。我突然想起，之前研究莱阳河图片资料时，其实看到过它，但没明白是什么建筑，还以为是宾馆没完工的观光电梯呢。

　　当天没能上去，因为一整天都在频繁下雨，整个山都笼罩在雨雾中。我们造访到的是雨季中的莱阳河，潮湿的莱阳河，阳光很珍稀短暂，完全没法从容地寻找和拍摄昆虫。

▲ 瞭望塔上看雨林，气象万千（李若行摄）

　　除了这一遗憾外，我得说，雨季中的菜阳河真是太美了。所有的小路都曲折有致，即使打着伞无目的地漫步，也能看到很多美丽的小景。菜阳河的植物非常丰富，原始面貌保护得好，因而容纳了众多的森林居民，就连下雨中，鸟鸣声也无处不在。小路边，蜥蜴和蛙类随处可见，还有各种蘑菇竞相打起千奇百怪的"小伞"。

　　短暂的无雨时间，我抓得很紧，都是直奔几处早已观察好的林缘地带。那是足以让人手忙脚乱的时间，即使是林中空地的一片草丛，也有很多值得去努力拍摄的昆虫。常常正拍到兴头上，大雨恶作剧似的毫无征兆地泼下来，只好赶紧收起相机，打起伞或躲到车上，懊恼地望着天空，盼着雨又毫无征兆地消失。但真是运气不好，雨经常一下就是几个小时，只好叹口气，回宾馆喝茶看书。

▲ 雨中的叶蝉

▲ 路灯吸引来一只黄边新锹甲

▲ 七带铲头沫蝉

▲ 受到惊吓，螳螂紧贴着草叶一动不动

　　当然，还是有美好的时候，比如，一天下午天晴了，头顶上甚至出现了大片的蓝天，我们利用这个机会，上了瞭望塔。

　　看到的景观超出了我们的想象。在此之前，我有过在野象谷上空坐索道的经历，脚尖仿佛是擦着森林而过，很有趣。但菜阳河瞭望塔上感觉完全不一样，因为塔本身就修建在较高的位置。视线已经和低矮的云朵仿佛在同一个水平线上，可以说是群山之上，眼观八方。

▲　夜里，拟步甲在草丛里爬来爬去，寻找食物

▲ 雨停了，短暂的阳光中，一只橙粉蝶舒服地摊开了翅膀

　　每一次移动视线，前方都是气场宏大的壮观画面：看得到飘浮在雨林上空的云——那些云也很有意思，上半部分千姿百态，而底部就像被刀切过一样整齐平整；看得到远处的小镇，后来问了当地人，说是西双版纳的普文镇；看得到山峰相交时的沟壑，那里的颜色会突然变深，水雾往往从那些沟壑里升起。

　　我数了一下，大约看得到 20 多个山头，每个山头的森林颜色上都有差异。如此辽阔的雨林环绕四周，就像站在大海中央的礁石上，身边是无边无际的绿浪，隐约有一种声音在聚拢，时弱时强，可能是风声，也可能是那些树的呼喊。

　　眼前的景致不是一成不变的，一阵风吹来，那些看似整齐的云消失了，一团团运动着的雾遮住了树林和山顶。再过一会儿，雾又消失了，隔着云朵阳光过滤成一束束光柱，把森林一小片一小片地照亮。在这个过程中，雨林好像悄悄翻了个身。

　　雨林不再是我们熟悉的雨林，它变得抽象了，它不再是孤独的蝴蝶，不再是单调的树叶，不再是悬挂的古藤，它互相靠拢，连接起来，就像一个网状的整体，整齐地呼吸着。

　　对了，关于莱阳河的瞭望塔，我还写过一首诗，抄在后面。

菜阳河上

我曾逐字逐句地
推敲这部沉醉之书
曾经，一棵树又一棵树地
研究它的严谨篇章
这里是阴郁的世界
枝条上，有精致的生命
也有更精致的猎杀

但是小路牵着我
来到另外的场景中——
花朵们像酒杯，摆上春天的桌子
来啊，一生碰一次杯
然后我们永不相见

忘记我的推敲吧
在菜阳河，树巅之上
雨林终于不再真实
是的，它只是幻想之物
沿着山谷，看得到清晰思路
看得到精彩的即兴发挥

▲ 盲蛛大吃蘑菇

▲ 雨后的草丛中，有很多蝗虫

▲ 象甲

▲ 锥角长头猎蝽

▲ 溪边沙地里的斑凤蝶

荡气回肠的段落都消失了　　雨林有着自己的沉默
一切变得无穷大——　　　　自己的激动和朗诵
这就是整个宇宙　　　　　　有时，在这个星球的边缘
一瞬间，它就收集了　　　　我看到它的藤条
足够多的生死　　　　　　　看到它打磨出的露珠
而打磨它们需要漫漫长夜

▲ 象甲，背板上有由奇特的白线条构成的图案

春节到版纳拍 蝴蝶

CHUNJIE DAO BANNA PAI HUDIE

Chapter four

　　它停在一片草叶上，安静地等候阳光，翅膀上挂满了露水钻石。看上去，一动不动的它，简直不像一个活着的生命——它更像一个精心雕刻而成的伟大艺术品，每个细节都晶莹剔透，精彩非常。但如果你仔细观察，它的触角偶而晃动一下，似乎在探测空气中的波动。它卷曲的喙也有着细微的颤动，好像如果不是主人的克制，这喙早就伸了出来，经历了一个整夜，它应该是很饿了。

▲ 清晨在草丛中发现的第一只芒蛱蝶，
阳光还没照到它身上

▲ 南糯山老茶树上珍贵的斛寄生

清晨的热带雨林，就像一个巨大的宝盒。夜晚紧锁着的一切，会在早晨缓慢打开，那些沉睡的精灵马上会被释放出来。在丛林的这一角，依旧是一团浑浊的阴暗，就像刚刚掀开的盒子深处，阳光尚未照进来。

芒蛱蝶就在这团阴影中，它其实不像我们看到的那样美好和轻盈，它承受着露水钻石的重量，这华美的装饰让它笨重不堪，但又能怎么样呢？蝴蝶是我见过的最需要阳光的种族，没有阳光，它们永远没有飞行的能力，只能委曲地停留在栖息之处。

终于，阳光移到了芒蛱蝶身上，逐渐升高的温度，让它挣扎着想爬上更高的草叶。但是草叶比想象的柔弱，它直接耷拉下来，芒蛱蝶差点从草叶上摔落，还好它紧紧抓住业已下垂的叶子又爬了上来。这个事故带来的好处，是露水全部从翅膀上滑落了。几分钟后，它就获得了足够的温度，扇动起翅膀，轻松地飞到了空中。它要飞向哪里呢？我仰着头好奇地看着。只见它飞到了一棵很高的树上，然后停下来一动不动。

原来，早晨的蝴蝶要做的第一件事，是飞到更安全的地方。至于花蜜和带有微量元素的水，相比之下，还不是特别紧急。

这是春节前一天，西双版纳原始森林的一个场景。在隆冬，能看到这样的场景真是太梦幻了。

在我居住的重庆，春节前后是冬季里最冷的日子：走在街上的人缩着脖子，不时还给冻得发硬的手呵气加温；道路旁的植物不见嫩绿的新叶，老叶子凝固在空中，没有一点生气；那些活跃的蝴蝶都不见了，它们仿佛集体逃离了冬的国度，去了温暖的远方。对一个喜欢蝴蝶的人来说，这样的冬天格外寂寞。偶尔，重庆的冬天也会有出太阳的时候，公园门口摆出来的花盆，

▲ 散纹盛蛱蝶

会吸引越冬的黄钩蛱蝶飞来，它们破旧的衣裳，在久违的阳光下慌张吸食的样子，让人顿生怜悯。

但是，在西双版纳，有着完全不一样的春节。艳阳高照，鲜花盛开，你可以只穿短袖T恤在树荫下晃荡。处于旱季中的版纳，虽然总的来说昆虫种类和数量较雨季大为减少，但仍远比其他省份多（同样多的可能还有海南、台湾等地）。说到这里，你应该反应过来了——春节到版纳拍蝴蝶，是我送给自己的一个冬天里的美丽礼物，在难熬

▲ 茶树上的红锯蛱蝶

▲ 黑灰蝶

的寒冷里，有什么比在温暖的地方从容寻找、拍摄蝴蝶更惬意的事呢！

虽然这个计划是这么靠谱、令人神往，但做具体日程安排的时候，我还很是推敲了一阵。最发愁的是如何避开节日潮水般的游客。这几年到景洪过春节的游客越来越多，知名的景区都挤满了人，弄得不好，我拍蝴蝶的镜头，只能拍到形形色色的脚步。最终，我安排了这样的日程，在初一前到景区拍摄，我选的是景洪附近的西双版纳原始森林公园，或者较远的望天树景区。当

▲ 波纹黛眼蝶

进入节日高峰后，以景洪为原点，我既不远行，也不去凑热闹，准备就在三岔河自然保护区景区以外，找几条有溪水的山民小道消磨几天时光。

前面写的场景，就来自于春节拍蝴蝶的第一站：西双版纳原始森林。其实在发现那只芒蛱蝶之前，我们一直无所事事在空地上来回晃荡，比如看看棘腹蛛什么的。这是一种相当有趣的蜘蛛，身上的花纹千变万化，有的还酷似一张人脸。因为太早，空中还看不到蝴蝶，也不愿进入密林深处，因为我们待的地方紧靠一条溪水，即使在早晨，溪水两畔仍然散发出强烈的泥腥味，这应该是一个很容易看到蝴蝶的地方。

果然，快到十点钟的时候，蝴蝶三三两两飞过来了。各种弄蝶就像是从地上冒出来的一样，到处都是。我猜想是因为它们形体小且颜色旧暗，飞过来的时候不易被我们看到。弄蝶是我见过的最勤奋的蝴蝶，我家里那丛开花的黄荆，它们是最早到，也是最后离开的客人。要看到它们是如何飞来的并不容易，但飞过你的时候，你能听到一种细小的急促的翅膀扇动声。

比弄蝶更小的灰蝶，翅膀银灰色的居多，它们不像是飞，倒有点像沿着小道滚动着来到溪边的。到达后，它们并

▲ 黑燕尾蚬蝶

不扑向下面的潮湿土地，而是在栏杆上、灌木上时飞时留。以前曾有资料说，中国最小的灰蝶就在版纳，但几年前，这个信息有所更新。新发现的最小的灰蝶，是陕西的小玄灰蝶，翅展只有一厘米多点儿。差不多只有眼前这些灰蝶的一半大小吧。

大中型蝴蝶也开始到来。比起弄蝶和灰蝶来，它们似乎更不矜持，直接就奔溪边的潮湿泥土去了。我们小心地穿过带刺的灌木，来到溪边，置身于树荫下——这样可以最大限度地把身体隐藏起来，不惊动前来汲水的蝴蝶。

我统计了一下，上午十点左右来到这

▲ 优越斑粉蝶

一带的蝴蝶有 16 种，都是以前拍摄到的。比较让人高兴的是，我看到了两种斑粉蝶：优越斑粉蝶和报喜斑粉蝶。这都是我一直喜爱的有着非凡色彩的蝴蝶。

我们没敢在溪边待太久，因为不远

◀ 彩蛱蝶

▲ 报喜斑粉蝶饥渴的时候完全站在了水里

处就有一群野生猴子在活动，万一它们过来淘气，我们带着的器材就惨了。

大年初一我们去了勐海县的南糯山，这是一个老茶区，海拔 1 400 米。山上有很多长着斛寄生的老茶树。这是印象深刻的一天，密集的老茶树、哈尼族家里的美味、茶农自制毛茶都是从未识过的。后来每当看到南糯山三个字，口里就会隐隐有普洱茶的回甘。

当然，也没忘了找蝴蝶。饭后大家闲坐休息时，我沿着早就物色好的小道，想去看看这个海拔的冬天会有一些什么蝴蝶在活动。

那是一个山脊，两边都是山沟，半山以下已是多年茶园，唯山脊留着密密的山林，那条小道几乎是穿山脊而隐没在林子里。走了半小时，比较失望。主要是正处旱季，山顶过于干燥，树叶都干得有点卷曲了，又没有任何水源，我只找到一些黛眼蝶，它们在小道旁干燥的杂灌里栖息，过得倒逍遥自在。

把西双版纳原始森林和南糯山对比总结了一下，我坚定了之前的一个判断，旱季要看蝴蝶，必须在有水源的地方。

▲ 文蛱蝶在逆光中最美

要看到珍稀的好蝴蝶，已经开发了的地方，可能机会较少。我决定把后面的几天都消耗在三岔河附近的山野小道上。

虽然计划是这样，但要找到符合条件的森林小道并不容易。驱车以野象谷为原点，反复开了好几个来回，也尝试进入一些小道，但多数都无功而返，比如有些路口看上去不错，深入一两百米，居然全变成了农地；还有些小道，容易被误会成想私自潜入旅游景区的客人，会有保安冲过来警惕地盯着你，劝你离开——这样的场面实在不适合欣赏蝴蝶。

我最终找到两条比较符合心意的，一条直接就是沿着溪水边的路进去，不能深入，只能走两三百米，但条件极好，整个山沟两边都是原始林，水声潺潺。我发现这个路口的时候是下午两点多，不算最好的观察蝴蝶的时间——最好的仍然是上午十点。溪边的蝴蝶不多，但是每一只都让人心跳加速——全是很难见到的蝴蝶种类。

在一小块被打湿的沙地上，难得一见的拓灰蝶居然就有两种：曲纹拓灰蝶和散纹拓灰蝶。它们贪婪地吸食着沙土中的水分，对外面不闻不问。同样在沙地上，惊起的裳凤蝶和剑凤蝶，就非常敏感，它们甚至没有一点留恋，径直拉高，沿着溪水的方向飞走了。大型蝴蝶，因为引人注目，有着更多的危险。我猜想这正是灰蝶和凤蝶为什么遇到打扰时，会有完全不同的反应。灰蝶因为小，更容易隐藏自己，而凤蝶则依赖它们的飞行能力获得安全。

让我看得忍不住笑了起来的，是一只报喜斑粉蝶，不知它从什么地方飞来，估计是飞得太渴了，一头栽进溪水中，而不是潮湿的溪边，还没站稳就吸了起来。它的足全部站进了水里，后翅也有一部分浸进了水中，但是它根本不管，只顾吸个不停，这该

▲ 散纹拓灰蝶

▲ 曲纹拓灰蝶

有多渴啊！多数蝴蝶的一天活动，是有一条固定线路的，它们会规划好在什么地方吸食花蜜，在什么地方补充水分。难道这只报喜斑粉蝶的上一个补水点发生了什么状况，才使它这么狼狈。

另一条道看起来没这么好，就像一条植被很普通的山路，但是走进去500米后，溪水靠近了路边，四周的树林密了起来，足以让我们避开头顶的艳阳。但是一路上都没有看到蝴蝶。又走了半个小时，我发现我们来到一个空旷的山谷，就像一个小型的天坑，被冲刷进山谷的泥土，来不及长满野草，完全暴露在天空下。这里是溪水的源头，看不见它们的路线，还只是东一泡西一泡的水泡。

这个山谷真是旱季蝴蝶的天堂，密林中突然空出来的地方，水浸泡着新鲜的泥土，连小石块堆都是湿漉漉的。

▼ 玉带黛眼蝶

尽管太阳很强烈，却减弱不了我欢喜的心情：燕凤蝶像小风筝在眼前飘来飘去；黑燕尾蚬蝶停在草叶上一动不动——看来它是喝得饱饱的了；青斑蝶和蔷青斑蝶慢悠悠地晃来晃去，却永远不会停下；网丝蛱蝶落下的时候，像一小片白纸，但是你想上前看清楚，它却突然拉起飞走了……

对一个蝴蝶迷来说，这个小小的山谷，完全是一个万花筒，你随便从哪个角度都能看到蝴蝶在活动，像漂亮的纸片，在阳光下不断组合出迷人的图案来。

▲ 环蛱蝶，它属于一个庞大的家族，它们的外貌彼此类似

▼ 燕凤蝶

▲ 晨光里的一种蝉，和斑蝉很
像，种类不详

公路通向 曼燕村
GONGLU TONGXIANG MANYANCUN

Chapter five

　　西双版纳，景洪到勐腊，已有了一条准高速公路。到最具热带雨林特征的望天树原始森林，已变得让人惊讶地快捷。在这条路上浏览窗外景色，就像用幻灯片模式欣赏一个热带相片册，很多景致一闪而过，让你来不及琢磨。

　　于是，有了"停一下，让我仔细看看"的冲动。我总是忍不住想，这样的速度让我错过了什么。

▲ 村子里蜉蝣很多，到处都能见到

　　于是，有了一次"不太靠谱"的旅行。一天清晨，我在勐仑上车后，让出租车司机自行决定，带我沿老公路到有原始森林的地方随便转转。四月的烈日下，司机小文的表情有点困惑。得知我其实在版纳转过很多地方后，他推荐往易武方向走："那里可是茶山，沿途很多原始森林。"普洱茶迷喜欢说一句话，班章为王，易武为后，原来易武就在这一带。

　　但是，我并没有看到什么原始森林，甚至连有雨林气质的树林也没看到。沿途基本是橡胶林和香蕉林，我看到的是被反复耕作后的疲倦和破败的大地。残存的森林局促地退守到陡峭的山顶。

　　易武很快就过了，继续往前，几乎在所有路口，小文都放慢了车速，以为会得到"向后转"的指令，但是没有。

　　终于，公路右边山顶，出现了茂密的原始森林，开了几公里后，左边出现了一个小村庄。"就到这里了"，我说。

　　这个地方就是曼燕，一个瑶族、傣族等民族混居的边境小村庄，紧挨着老挝。

▼ 角盾蝽

我计算了一下，一共有一天半的时间可供在这里开销。半天时间用来爬山，进入已观察到的成片原始雨林。一天时间用来往老挝方向徒步，寻找溪谷树林等适合寻找观察昆虫及野花的地方。

▲ 丹腹新鹿蛾

▲ 交配中的丹腹新鹿蛾

　　在一家主要为香蕉采购人员服务的小餐馆简单吃过午饭后，我全副武装，由村口一加油站旁的小道离开公路，向山顶出发。

　　这是一座被橡胶林和香蕉林包围得严严实实的山，往上攀登，相当乏味。山坡被处理成整齐的级级平台。地面植物相当单调，著名的入侵生物紫茎泽兰时常挤满路边。

　　四月底，是雨季来临的前夕，是最热的时候，爬山的我，领略到了版纳白昼酷热的威力，当我从橡胶林穿出，进入香蕉林后，全身上下都汗湿了。几乎是为了喘息一下，我在一簇禾本科荻属植物旁停了下来，借着巨大的香蕉叶的遮蔽，顺便搜索一下有什么可观察的。

　　在细长的草叶上，我看到一只丹腹新鹿蛾，而离它不远处，居然还有另外两种鹿蛾。难道这簇荻属植物是鹿蛾之家？它狭长的叶子，和鹿蛾们有什么关系。冒着被这种锋利的叶子割伤的风险，我拨开它们，进入更茂密的叶丛中，手臂迅速布满了细密的伤口。眼前出现的景象，让我感觉这种付出是值得的，好几对交配中的鹿蛾安静地停在幽秘的绿色空间里，尽享生命的美好时刻。我小心地拍了些照片，尽量不惊动它们，悄悄离开。

▲ 伊贝鹿蛾

受到这十多分钟观察的鼓舞，我打起精神，向上，再向上，穿出了似乎看不到边的香蕉林，来到山顶，沿着隐约可辨的小路，前面出现了原始森林。

这片野山上的原始森林，估计极少有人造访，过度密集的低矮竹类已经封锁住了小路，小路变成了只能钻爬的小洞。我猫着腰，艰难地钻行着，好在竹林只生长在林缘，进入森林后，前面的路反而很好走了。

耀眼的烈日，只能星星点点地射进林子，林子里吹着的风也是凉凉的。不过，意外的情形发生了，脖子不时被雨水扫中，借着射进树林的阳光柱，我发现，奇怪了，居然外面烈日，林中在下雨！仔细观察，发现这雨很奇怪，看不到整齐划一的雨线，甚至看不到水滴。倒像这些缠倒藤条的树上，安装了无数花洒淋浴头，一起开动，水光四射，神奇而又壮观。在林中空地的边缘，这些密集的小水珠，在空气中甚至形成了朦胧的类似于彩虹的光斑。

此伏彼起的蝉的嘶鸣，让我恍然大悟，我遇到传说中的蝉雨了！蝉拼命吮吸树液，并把体液飞快地排出，藉此调节身体的温度。有些蝴蝶，也有类似的特长。由于蝉数量众多，就形成了蝉雨。还好，这些水滴什么异味也没有，和雨水没有区别。

◀ 宽胸菱背螳

▲ 山顶雨林的斑蝉

除了蝉雨奇观，处在山顶的密林中，其实很难观察到更多有趣的东西。我沿着陡峭的小路走了 1000 米，就决定折返了。雨林观察，最好还是沿溪谷行进，林中空地、林缘都比林中好。

当晚在村头，找了一个视线开阔的地方灯诱，灯光推开了夜色，直射天空，创造出了一个供昆虫们轮番登场的舞台。来的天牛相对多一些，它们在被手指捏住观察时，会发出吱吱的声音。另外，比较有趣的是，超小的蝉科种类，身体宽度等同我的小指甲，长得非常精致、漂亮，就像艺术品。

快到晚上十点时，翩翩而来的意草蛉，给我带来了巨大的惊喜。如果说草蛉，已经是纤巧的尤物，那意草蛉就是上帝无与伦比的创造，它在光线里神秘的复眼，金色丝线缕空般的薄翅，优雅的体态，高调的红黄色配搭，都能深深吸引我。

我可以永不厌倦地注视它，观察它的细微动作，直至它飞走，留下我的惋惜和赞叹。毫不夸张地说，仅仅是亲眼观察到这一只意草蛉，我的曼燕之行已是物有所值。

▼ 薄翅蝉

▲ 意草蛉

▲ 一种全身透明的草蛉，种类不详

▲ 这条普通的小路，是观察昆虫的
极佳地带

接下来完整的一天，我交给了曼燕村周围的小路，在穿过整个村庄朝老挝方向几十米的地方，有一条溪流绕村而过，而沿着溪水，有几条路放射状地伸向原野。

其中一条小路，改变了我已带上干粮的徒步一天的远足计划。这条梦幻小路得天独厚，左边是溪流，右边是保存完好的树林，200米不到的长度，容纳了各种有意思的昆虫。我的脚步都被无声地留在这里了。我在这条小路上愉快地工作了一天，除了中间被一场暴雨短暂中断。

说它梦幻，是几乎在那里每走一两步，就会有一个小精灵扇动着翅膀出现。溪水的上空，至少同属蜻蜓目的七种精灵在飞。

▲ 单孔阳隼螅

▲ 逆光中的庆褐蜻

◀ 领无垫蜂从自己的家
里小心探出头来

◀ 有的蜾蠃夜晚并不待在繁育后代的
巢中，它们喜欢群聚于细枝之上，这
个团体是否有血缘关系还待研究

　　小路右边的树林里，有一些热带特征很明显的蝗和蚱在蹦来蹦去。我的注意力，被一种从未见过的草蛉吸引了，它不仅翅膀透明，连腹部头部都是透明的，可以说是一只全身透明的精灵。可惜它喜欢在草丛里扑来扑去，老停在叶子背面，我跟踪了一会儿，跟丢了。

　　其他的时间都消耗在一片刚铲过的土坡一带，那里非常热闹，有待在洞里往外打望的领无垫蜂，也有蜾蠃在勤奋地维护它们的管形巢，但这个泥管露出地面的部分是网状的。有漂亮的蝉落在潮湿的地方吸水，也有扇螗停在露出来的植物的根系上。过路的人，基本上没有打扰到它们，它们在几平方米的空间里忙碌着，浑然不知有着另外的世界。

▲ 股沟蚱

绿石林印象
LUSHILIN YINXIANG

Chapter six

　　对我这样骨灰级的昆虫爱好者来说，中科院西双版纳植物园内最值得关注的两个景区是热带沟谷雨林和绿石林。

　　热带沟谷雨林接近原始雨林的生态，我曾三次在这个景区消磨时光。说接近，是觉得它是经过人工的努力恢复和修饰后的热带雨林，不是未经破坏的原始林，物种的丰富性还是比较有限的，不过也有好处，比如步行方便、景致优美——我在原始雨林的小道上穿行真是吃够了苦头啊。另外，值得一提的是引种了很多珍贵的兰科植物，开花的时候非常美丽，姿色惊人。

◀ 这是它保持警戒的姿势，
随时准备一跃而下

▲ 植物园中的空中花园。石斛等附生植物在空中构成了奇特美丽的景观

　　绿石林听说很多年了，其得名于雨林和喀斯特地貌的结合，在乱石之上森林繁茂。一直没有开放，所以没机会亲近。春节期间再来植物园，得知绿石林景区终于开放了。立即调整了行走方案，删去了原计划去的园子，把全部时间安排到绿石林景区。

　　从沟谷雨林至绿石林，植物园有电瓶车可以接送游客。为详细了解这一条全新线路的情况，我是步行过去的，耗时一小时左右，如果不沿路拍摄和观察，全力步行估计四十分钟能到。

　　这段路可以分成三个部分：第一段是原植物园内，沿途都有可观赏的物种，步行也很舒服，可以随时离开主路，去岔道上玩一会儿；第二段，两边基本是橡胶林，烈日当空时全无遮挡，也没什么可看的，主要是枯燥地爬坡爬坡爬坡；第三段，进入绿石林景区前的雨林过渡地带，野花繁多，物种丰富，这是步行才能享受到的福利了。

　　进绿石林前打听了一下，已经开放的其实只是这片原始雨林的一期，占将来要开放面积的三分之一。建设方式主要是修筑栈道在林间穿行，相对来说，这是对雨林面貌破坏最小的一种方式。

栈道蜿蜒于林间，走在上面，神清气爽，空气中带着一缕莫名花香。整个森林上面被阳光镀亮，而林间则散漫着一层雾气，看上去很有诗意。喀斯特地貌的植物一般都比较矮小，而绿石林则刚好相反，保存完好的参天古树极多，每一棵都藤蔓缠绕，非常壮观。有的独自成林；有的占据崖缘，巨大的树根瀑布般倾泻而下；有的蹿出雨林上空，整个树冠沐浴在阳光里……绿石林石头只是阴暗中的配角，树才是意气风发的角色，是雨林中最气势磅礴的主演。

看这些树，看得摇头晃脑，手舞足蹈，都忘了去仔细盘查大树脚下、树干有什么有意思的昆虫。这其实是野外旅行的常态，有时候一山坡的野花，让我们顾不得追踪惊飞的蜻蜓，先把野花们好好看看再说。

树带来的惊喜逐渐平复下来后，我才开始寻找昆虫。穿越森林的栈道，是许多昆虫喜欢光顾的地方，尤其是夜晚栈道的栏杆上，有时会出现各种昆虫，就像挂满了精致的纪念品。这是我在多次夜间打着手电寻访得出的经验。

▲ 网脉蜻在西双版纳四季都可以看到

▲ 菱棘腹蛛

　　这不是一个寻找昆虫的好季节，旱季中的春节，多数地方蝶类居多。但是在雨林谷的栈道上，春天已经到来。各种小型蜡蝉从来都是春天的先驱，它们总是最先出现在我们的视野里。

　　我的眼睛像放大镜一样扫过栈道上的栏杆，特别是密林间或出现的有点阳光的灌木、路口的交汇地带，这都是昆虫容易逗留的地方。果然，我有了发现：一共有四五种

◀ 宽胸菱背螳隐藏在叶子背
后,走过的游客虽多,但没
人注意到它

▲ 雨林步行道一串栏杆尽头的一个"小句号"。"小句号"动了一下，原来是一只瓢蜡蝉

▲ 虽然是冬季，蜡蝉已经大量出现。特别喜欢在穿过树林的走廊上活动

瓢蜡蝉出现在栏杆上，有成虫，也有若虫，它们就像五线谱上的音符——这条小路一下子就有了旋律。

栈道上飘落的落叶，总有些免费乘客不愿下车。除了蜡蝉，还有双翅目的各种蝇都喜欢出现在刚结束纷飞的落叶上。比较意外的是，一截掉落的树枝上，还有一只硕大的宽胸菱背螳若虫。游客繁忙地经过这截树枝，估计是带起了风，每一个经过的脚步，都让它伸出前足在空中晃动几

▲ 旱季路边新开的圆叶茑萝，仿佛是尘土中唯一的干净颜色，这里和潮湿的绿石林好像是两个世界，虽然它们相隔不远

▲ 蜻若虫的一次蜕皮。它们通常要经过多次蜕皮才能逐渐长大

▲ 阔胸光红蝽

▲ 草蛉的幼虫，有非常强的伪装能力，喜欢顶着一堆
垃圾到处走，遇到危险全身缩成一团

在小道两边的树干和岩石上，还发现了蜻蜓、猎蝽等颜色鲜艳的
昆虫，它们在林荫中十分显眼。

绿石林的栈道不算长，差不多一小时的步行距离，我们这样慢慢
行进，花了两个多小时，收获不算太多，但心情非常好，至少印证了
传说——绿石林是植物园中原始雨林保存最好的景区。

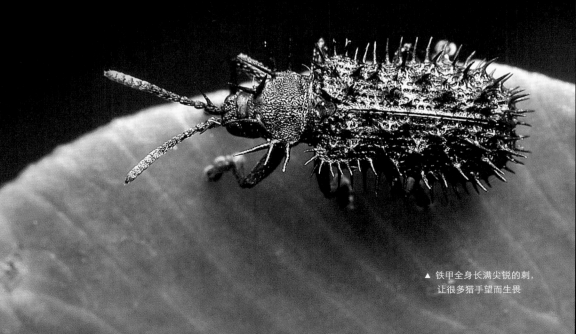

▲ 铁甲全身长满尖锐的刺，
让很多猎手望而生畏

▲ 被我打扰到的蜥蜴

夜里的 声响

YELI DE SHENGXIANG

Chapter seven

夜深了,版纳植物园并不寂静,虫声此伏彼起,相当热闹。和白天逛植物园比起来,打着手电筒,沿着树丛仔细观察昆虫的生活,有着完全不同的乐趣。

讲一件有意思的事情。为了发现更多的昆虫，有时我会离开道路，到树林里面去。记得是为了观察一丛低矮灌木中的蛾蜡蝉。我踏着落叶进入树林，这样才能换一个方向接近这丛灌木。和在道路上伸长脖子找蛾蜡蝉不一样，我已离它们非常近了——几乎就蹲在它们的身边，由于脚步很轻，蛾蜡蝉群一点也没受到惊动，包括一只在灌木枝条上睡觉的蜥蜴，它一直保持着很萌的姿势。

这是彩蛾蜡蝉，它的翅上有清秀的笔画图案，我觉得那就是"八一"两个字，当然，也勉强可以看成极简的人脸图案，"八"是眼睛，"一"是嘴巴。我正在研究这两个字作为书法的水平究竟如何时，背后传来了"唰唰"的声音，来得突然，去得也突然。

没有思想准备的我吓了一跳，一下子站了起来，动作有点大，蛾蜡蝉飞走了好几只，蜥蜴也惊动了，但是这个家伙很懒的，它只微微动了一下就又继续睡了。我打着电筒四处看了看，没发现

▲ 彩蛾蜡蝉

▲ 和迁徙不一样，这是标准的群体采集场面，富含纤维的木材是它们非常喜欢的食物或菌类种植基础材料

什么动物，也没发现什么从树上掉落的东西。

奇怪了，究竟是什么声音？我静静站着不动，侧耳全神贯注地听着，希望这声音能再次出现。

几分钟后，"刷刷"的声音又响起来了，这回我听出点意思来，这声音不是单独的，而是连成一片的，声音来源的位置不高，几乎就是从脚边传来的。

找到了方向就好办了，我转了个身再蹲下去，电筒光一寸一寸地在地面上扫射，这一带原来铺满了落叶，而在落叶上面，我发现了成群的白蚁！

▲ 感觉到有什么不对，兵蚁停止了行进，从队伍中出来在四周巡视、侦察

▲ 夜深了，白蚁还在辛苦地工作，工蚁们围成一圈采集，兵蚁在四周保持着警戒，请注意右边这两只兵蚁。

▲ 白蚁集体抖动身体，发出刷刷的响声

　　白蚁怎么会发出这样"巨大"的"刷刷"声呢，真是令人难以置信。但是这一带的地面，再也没有其他东西啊，而且，那分散又连成一片的声音，和蚁群的范围也很吻合。

　　手电筒光锁定了白蚁们，但是，声音再没出现。一分钟，又一分钟过去了。我几乎快失去了耐心，移动了一下脚步，就在此时，"刷刷"声又响了起来，这声音有点像一堆沙撒到了树叶上发出来的响动。这次我看清楚了，声音是白蚁们整齐地抖动着身体发出来的。

　　声音肯定是白蚁们发出来的，但不知道它们为何要发出声音，是我的脚步让它们感到了威胁，发声来进行恐吓？还是用震动来互相提醒同伴呢？我猜测后者的可能性较大吧。集体发出威胁的声音，这样的谋略特点，不太符合社会性昆虫的习性，它们基本上是沉默的生物。

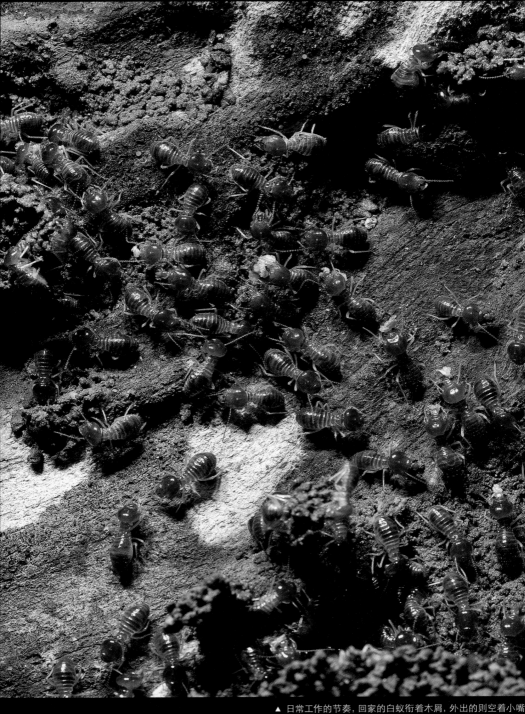

▲ 日常工作的节奏，回家的白蚁衔着木屑，外出的则空着小嘴

▲ 可能是收到了危险的信号，兵蚁们从巢
穴里排着队冲出来

▲ 新产出的蚁卵，数量很
是惊人。仔细观察，会
发现有工蚁在上面活动，
可能是帮助新生的白蚁

▲ 比较少见的双蚁后同穴，下面这只深色的是蚁王

　　同时，另外一个疑问冒了出来，白蚁是怎样发出声音来的，我没有看到过任何这方面的资料。

　　发声的昆虫，都各有绝技。比如雄性的蝉，腹部有着类似于小鼓一样的发音器，靠肌肉发力高速震动它发出声音。而蟋蟀的发音器在它的翅膀上，有类似于弦乐器的翅膜，还有用来弹拨翅膜的弹器，翅膀互相摩擦时，就弹出了声音。

　　不管使用什么乐器，昆虫们没有歌喉，要发出声音，都是靠高频率的振动来完成的。所以我想白蚁也不例外。

▶ 兵蚁的体重约等于两至
　三只工蚁的体重

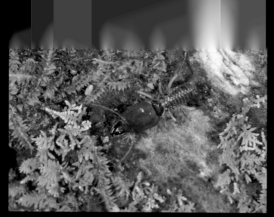

▲ 雄壮的兵蚁，要区别不同种类的白蚁，还得靠观察兵蚁。
每个种类的兵蚁都长得不一样

▲ 雨前，匆匆迁徙的白蚁队伍

　　还有另一种可能，这是过了很久，我才偶然想到的，白蚁这样靠高速抖动来互相传递信息，并不需要发出声音。白蚁是在地下生活的，视力几乎没有，它们的眼睛、鼻子和耳朵的功能，全部依靠重要而敏锐的触角来完成。因此，

▲ 长着翅芽的公主蚁，仿佛带着几分娇羞，已接近成熟，
随时准备飞出去创建新的蚁群

▲ 从窝里飞出来的繁殖蚁

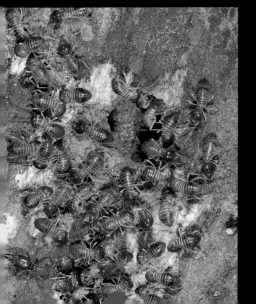

◀ 雨林中，一棵倒下的树干上，露出了白蚁洞穴的入口。但巢穴远远不止树干那么大，很可能地下方圆几米都是它的地盘

很小的振动就足够让同伴知晓了，没有必要发出声音。

所以，我听到的响动，或许，只是一个偶然，它们碰巧在落叶中集体抖动了起来。这样的抖动，让落叶成为了它们拨响的乐器。

大浪坝
DALANGBA

Chapter eight

　　离开云南漾濞县城，车开向大浪坝。公路一边，晨光还没投射到的小河，像一条充满警惕的乌鱼，偶尔才闪动一下。

　　顺着小河没开多久，车向右一拐，就开始上山了。随着视线的逐渐抬高，我的视野越来越广阔。我看到了晨光的来源，它从天边的云缝里倾泄而出，投射到我们所处的位置，而把山下的大片田野和河流留在阴影里。我看到环绕着县城的山，原来不止一层，山后面还有山，很多层，像玫瑰的花瓣那样，很巧妙地穿插、重叠在一起。

▼ 云南绿色蟌

▲ 百年柳树林横卧草甸中，极美

　　花瓣中心，恰好是人们活动的城区，当地人酷爱的白色，就像以白色为主的花蕊一样，谦虚地幽闭在巨大花瓣的阴影里。对，就是谦虚这个词。在崇山峻岭中，所有的建筑群，不得不谦虚，它们不过是山峦起伏的巨浪中一些微不足道的斑点。

　　我突然想到，生活在这里的人们，他们仰望自然的心境，肯定与其他地方的人截然不同。

　　多数时候，生活在城市里的我们谈到的自然，不过是城市周边的配角，人们放松或休闲之地。高大的城市建筑，

遮蔽了我们先民熟悉并肌肤相亲的大地。大地，那活生生的美丽而危险的大地，那无边的沼泽和森林，从我们的视野里消失了。蓝天白云下，唯一显现的，是秩序化的建筑和道路。这样的图景，会滋生一种人类的自我中心主义，野蛮而又充满生气的自然被我们遗忘了，我们有一种幻觉，大地已经臣服于我们所生产的秩序。事实上，自然也在消失，林地、湿地、溪河，都在迅速消亡的过程中，当然，同样正消失的，是附着在它们中的许多物种，还有永远不再重现的原始之美。

　　这样的事实，反过来，又支持着我们对自然的傲慢。我们正在迅速失去对自然的敬畏之心，自然业已变成电视里可以满足部分人好奇心的消遣之物。

　　山路拖着车，拖着我们，盘旋上升。

　　刚开始的时候，多数树林在我们头上，被朝阳照得很好看。山路下面，是幽暗的，田野和小河都像刚刚醒来，有点迷糊地在雾气中发呆。而头顶上，树林是新鲜的，透过树林，蓝天像一块块玻璃，无所用心，只管在上面浮着。

◀ 暗红石头堆里，蝗蝻的
　颜色也是暗红的

▲ 水潭边，刚羽化的蜻蜓

▲ 多斑艳眼蝶亚种——混同艳眼蝶

但是车很快就开进了朝阳中，那些发亮的树梢，则下降到我们的脚下。

车转到山垭的时候，可以同时看见好几层盘山公路。从侧面看过去，一层层的树林，形成一个巨大的彩色梯子，斜靠在天边。

风一吹，彩色的梯子就给弄乱了，或者说融化了。但是这一层一层的树林会记得，它们组成过梯子。在合适的时候，有朝阳，又没有风的时候，它们又会魔术般地恢复成梯子的形状。

正在想着，这样的梯子最适合通向云彩的时候，我的眼前出现了草甸子。

不像我想象的那样平，那样辽阔无边。它们一小块一小块的，像一些不规则的花布片，被随手扔在树林之间。大一点的草甸上，容纳了一些牛羊。小一点的草甸只能算林间空地。

我离开车，独自走进这些空地里。

一些鲜艳的斑蛾，把这些空地当成了舞台，在这里飞来飞去，让安静的树林有了一些捉摸不定的色彩。急匆匆飞

▲ 荨麻蛱蝶

在交配、产卵后死去。它们的色彩，又会被土地吸收，被树根的吸管吸到空中，让绿色的叶子发红或者发黄。在树林里，生命是暂时的，死亡也已司空见惯。而颜色转移着，永不消失。

　　大一点的草甸子，是桃金娘科植物金丝桃的乐园。这种灌木长得很有意思，它们黄色的花朵像精致的小碗，里面装着娇嫩的花蕊和花蜜。远远望去，不是一个两个，而是成百上千个黄金小碗，安静地摆放在草甸之上。

▲ 交配中的云南旭锦斑蛾

▲ 斑蛾吸食结束会在口器附近形成
两个泡沫球，很有意思

当风也不吹的时候，我周围很安静。而我，却分明听到了某种声音。声音来自身后那架巨大的梯子，还是这些数不清的黄金小碗？莫非，它们都是某种乐器？自然的乐器？这静到极致的静，仿佛寂寂无声，又仿佛有着无边的轰鸣。

然后，我就像梦游一样，在白云和树林之间晃荡，很幸福地晃荡，沿着这条没有名字的乡间公路。

然后，我就看见了大浪坝。

当你坐车盘旋而上，当县城在脚下兼虚地缩小成一些斑点，当你翻过高高的山岭后，眼前出现连成一大片的，覆盖着好几个山头的草甸时。你的心情，也只能用幸福的梦游来形容了。

而且，虽然在崇山之巅，大浪坝的草甸却有着充足的水分。顺着两个山峦的低谷，四周的水都被收集到了连绵的坝子里，使它变得像一块无边的海绵。这样的结果是让它形成了非常别致的高山草甸风光。

我喜欢这样的画面：木栅栏之外，野草丛生，鲜花烂漫，草地一直延伸到视线不可及的尽头。我觉得这是自然最美妙的形体之一，正如《庄子》是古代东方思想最美妙的形体一样。而我四周都是这样的画面。

湿漉漉的草地上，开满了报春花。仔细看，这种报春花的叶子平摊在地上，像一个平坦的篮子，而花茎挺拔地蹿上

◀ 溪水中生活着当地人称为锅盖的红瘰疣螈

去，像一根骄傲的旗杆，举起一些鲜艳的花朵。远远望去，开满了报春花的草甸，就有了两层，下面是绿色的草丛，上面是摇晃着的报春花。

这么好看的花毯子，当然不会闲着。剑凤蝶拖着长长的尾巴，在灌木间逗留，吓得灌木上的树蛙一动不动，权当自己是一片树叶；苎麻珍蝶捉对乱飞，有时甚至在草叶上翻滚，像一些浅黄色的绣球滚动着，又突然分成两半腾空而起；一种俗名叫乌龟壳的蛱蝶，翅膀非常奇怪，它的反面漆黑似包公脸，正面却有着鲜艳的色彩和花纹，随着它的翅膀的扇动，就像草甸上有一些鬼脸在一闪一闪；还有一些蝶，在烈日的暴晒下，纷

▲ 一对云南绿色蟌在潮湿的溪边交尾

纷躲到树荫下吮吸潮湿的泥土，比如丽眼蝶，它们的翅膀上都有一只哭红了的眼睛。

一条溪水，从草甸中穿过，潺潺声不绝于耳。

溪水中，不时有红瘰疣螈，有点旧暗的橙红肤色上，布满黑色的花纹，可能天敌不多，这些本来就懒洋洋的两栖动物干脆在水草间一动不动，等着蚊虫之类的送货上门。

我正蹲着研究一只红瘰疣螈，一只莽撞的色蟌误把它的头部当成了一块好看的石头，打算在这里逗留一会儿。即将降落时，它发现了这个致命的错误，立即就在空中急速转身，像一架微型直升飞机那样，转身后又迅速拉高，然后停在栅栏之上。

当它的"桨叶"合拢，不再扇动时，我看清了，上面的花纹显示这是一种我从未见过的色蟌：云南绿色蟌。

色蟌是溪流的脆弱的孩子，它们依恋着保持着原始形态的溪流，被污染的溪水河流和人工水域中是见不到它们的影子的。它们就像一些偏爱山水的乡村诗人，永远和城市保持着足够的距离。

◀ 被惊动的燕凤蝶，会飞到附近树上休息一会儿，但很快它就会忍不住回到汲水的地方

关于 燕凤蝶

GUANYU YANFENGDIE

Chapter nine

    燕凤蝶是中国最小的凤蝶，好几年里，对常居重庆的我来说，它是一种传说中的蝴蝶。见过的人对我描述说，它们飞起来很像一群蜻蜓，拍下照片，才发现是蝴蝶。这样的描述极大地提高了我的好奇心。

    我第一次亲眼观察到它，是2005年，在广东的鼎湖山。

▲ 三三两两的燕凤蝶出现在溪边

那是 11 月份的一个午后，我提着相机，沿着溪流搜索可以拍摄的目标。这条溪流来自山顶的湖，穿过了原始林后，逐渐减慢了速度，几乎是无声地灌入山脚的草地里。即使是深秋中，广东的空气仍旧温暖而潮湿，各种蝴蝶很多。所以我的搜索基本是不断地在咔嚓声中进行的。

突然，我就看见了燕凤蝶：在溪流的对岸，在那阳光照不到的阴影地带，一个小黑点平平地滑过，停在泥土上，仅仅几秒钟，迅速拉高就不见了踪影。不要说拍摄了，我甚至都没看清楚。但

我确信它是燕凤蝶，是因为它停留下来的瞬间，我看见了它的翅膀，非常震惊——居然会有这么小的蝴蝶。

我判断这是燕凤蝶常来的地方，我决定在那一带蹲守，它应该还会回来，也许，还会有更多的燕凤蝶出现。

一个小时，又一个小时过去了。阳光没有了，后来干脆下起了小雨。燕凤蝶没有出现。这个下午，就在这种兴奋的期待中，平淡地结束了。当然，在那一带盘桓期间，我拍了许多其他的东西。

三年之后，2008 年的 5 月，我在海南尖峰岭山腰，仍旧是提着相机小心

搜索。一只鹿灰蝶一直在和我斗智斗勇。它不飞远，也绝不停留 5 秒钟以上，总在离我不远处时起时落。

我微笑着接受了这个挑战，小心地跟着它，等候机会。我很想拍到它更鲜艳的背面，但这并不容易，它太喜欢合上翅膀，露出自己的腹面了。

这样跟了有差不多十分钟，鹿灰蝶放弃了警惕，它很舒服地在一片草叶上停了下来，甚至还微微松开了翅膀——就像一扇门敞开了缝，里面鲜艳的颜色倾泻而出。我不会错过这样的机会的，我的 105 mm 镜头也离它足够近了，直到我的快门声流淌了一阵。它才转动了一下身体，又开始新一轮的起起落落。我站了起来，有点犹豫，要不要继续跟着它呢？

或许我会永远记得那个瞬间：就在我缓缓站起来的时候，就在前面半人高的灌木上空强烈的逆光中，我看见一对悬空的丝带在互相缠绕着、旋转着，一会儿高一会儿低，这个情景很超现实，就像是幻觉。我眯缝起眼睛，想看清是谁带来这样的丝带的，而这对活泼的丝带迅速被拉远了，就像有人用一根透明线把它们拖走了一样。

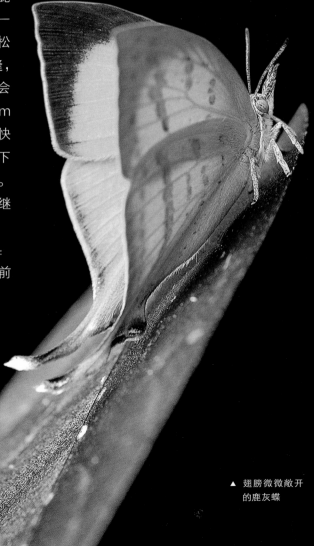

▲ 翅膀微微敞开的鹿灰蝶

这真是一次漂亮的魔术表演！魔术师到底是谁？我在惊讶中急速思考起来，在脑海里搜索最接近这位魔术师的目标。突然，我感到自己激动的心跳——还有谁，一定是燕凤蝶啊。由于它翅膀是透明的，它的头部和长长的剑突在逆光中，很可能就是这个样子。

我猜测它应该是飞往某个水洼或溪水时，路过了这片灌木。在附近类似的环境中，应该有可能把它找出来。半个小时的寻找后，我如愿以偿地发现了它——停在一片水中的禾本科植物狭长的叶片上，远远比一切照片中的它看上去更纤美，更令人赞叹。由于它周围比较乱，也不好靠近，我在感叹中拍了些照片，作为记录。

现在我就得谈到 2011 年夏天的贵州茂兰之行了。那次选择茂兰的原因之一，就是那里更有可能充分观察和拍摄到燕凤蝶。从我搜索到的资料来看，夏天，在荔波一带，成群燕凤蝶被拍到的次数很多。

◄ 燕凤蝶

▲ 水洼里活动着鱼虾，还有一些蛙类

　　果然，进入茂兰自然保护区的第一天，就遭遇燕凤蝶。就在我们入驻的村庄外面的稻田上空，几个小黑点来回巡游，逍遥自在。燕凤蝶！我一边顺着田坎靠近，一边迅速调整着相机的参数。在平整的稻田中，我这样的不速之客一定很显眼，一只燕凤蝶好奇地飞了过来，在离我不到一米的地方，玩起了悬停。太帅了！我举起相机，想趁光线好，手动对焦锁定悬停的它。但是燕凤蝶没给我机会，它显然更喜欢巡游，翅膀忽闪着飞远了。

　　这样是不行的！我一无所获地在上午烈日下浪费着体力和汗水，最多只拍到了燕凤蝶模糊的影子。对这样的小精灵，不可相信偶遇，还是得找到它们的后花园去埋伏靠谱些。这样一想，我就收拾好业已晒得发烫的相机，离开了毫无遮挡的田野。

　　茂兰自然保护区，同时是一个很有意思的地质公园，典型的喀斯特地貌造就了很多让人意想不到的奇观。比如，它的溪流，有时水在地表，有时水在地下，有时地表也有、地下也有。你见过这样的溪流吗？它有很多层，而隔开它们的，是坚硬的岩石。

　　我找到的一个理想的蹲守燕凤蝶的溪口，就是多层的溪流，下层的水流声隐约可闻，而地表的溪流已经干涸，形成了一些临时性的水洼，水洼里鱼虾来去，好不热闹，一些蛙类也在那里活动。

◀ 一点灰蝶

▲ 银线灰蝶

潮湿且混和着贝壳碎片的岩石，正是蝴蝶们的最爱。这一带溪谷由窄变宽，而且有两层小跌水，在这样的地方观察蝴蝶，再好不过。但奇怪了，那里有几只小弄蝶，一只还算不错的银线灰蝶，一只一点灰蝶，就是没有燕凤蝶。

没找到燕凤蝶，但是四周却找到很多有趣的昆虫。各种色螅停在溪边的石头上，被惊动后，它们并不飞远，只向上拉升一点，停到灌木上，如果再被惊动，它们又会向上拉升到更高的树梢。和蝴蝶不一样，它们的警戒就像一级级的台阶，危险不同，它们停留的台阶就不一样。

▲ 大斑芫菁

▲ 溪边的灌木上，栖息着阔带宽广蜡蝉

　　灌木上还有很多阔带宽广蜡蝉，在其他雨林里，我还没有见过如此密集的这个物种。在这一带，我还找到一只杨二尾舟蛾的幼虫，有些凤蝶在受到惊吓时，会从头部抽出两根长须来威胁对方，它有着类似的自我保护，会在紧急情况下从尾部吐出两根鲜艳的长须，非常好玩。大斑芫菁不需要玩这样的杂耍，它们以身体鲜艳的色斑来警告对手，有毒！请勿靠近。

　　我决定午饭后再去，我猜想蝴蝶们经历了九点和十点的最佳汲水时间后，会暂时离开，烈日会迅速蒸发掉它们的水分，所以下午应该有戏。

◀ 杨二尾舟蛾幼虫

下午两点，我回到溪口，果然，一群燕凤蝶在那里欢乐戏水，起起落落。我没有急着拍摄，而是保持一定距离，坐在树荫下，欣赏着这美好的场景。燕凤蝶汲水的习惯和其他凤蝶很接近，都是汲一阵，飞起，在湿地上空盘旋犹豫，像是要找更好的地方，然后，它们总是回到最初的位置，重新汲起来。湿地有一大片，而燕凤蝶真正停留的只有两三个点，这应该不是偶然的，应该和这几个地方的矿物质成分或浓度有关吧。

虽说人们都说它们飞起来像蜻蜓，这是因为它们翅膀透明，个头偏小，其实它们远比飞行中的蜻蜓优雅和婀娜多姿。

看舒服了，我才缓慢靠近，不慌不忙，一边继续观察，一边拍摄。最让我惊喜的是，我拍到了燕凤蝶腹部喷水的瞬间。这一直是蝴蝶迷们津津乐道的话题。其实，其他凤蝶也偶有喷水，可能是燕凤蝶的喷水更有节奏和规律，才被大家观察到吧。

后来我才发现，溪水遇到的燕凤蝶，可能水源有保证，过得舒适，警惕性极高，很容易惊飞。而后面几天，公路上偶有小水洼里的燕凤蝶，就对外界异常麻木，汲起水来不顾性命。汽车驶过，经常有燕凤蝶死于非命。所以后来我在茂兰开车，只要路过可能有燕凤蝶汲水的地方，都要停

▼ 燕凤蝶喷水状

▲ 溪口发现的长腹蟌

▲ 各种鼻蟌在溪边活跃着，一只被我的脚步惊动的雌性鼻

尖峰岭上的 星光

JIANFENGLING SHANGDE XINGGUANG

Chapter ten

　　五月的一个下午，海南岛晴空万里。我和昆虫学家张巍巍向尖峰岭进发。

　　巍巍是尖峰岭的熟客，电话约来一辆三轮车在路口接。于是，我对尖峰岭的第一次浏览，便是在突突突突的粗野的伴奏声中进行的。尖峰岭临海，所以气候和海南岛腹地有所不同，明显干燥得多，甚至看不出一点雨季的迹象，路边的草叶都有些枯黄。从山脚开始，各种蝴蝶就在路边晃来晃去，考验我们的眼力。偶尔有甲虫笨重地飞过，基本上是从高大的乔木，飞机失事般地栽进灌木林里，甲虫的飞行经常是这个德性，感觉这些微型飞机的驾驶员，都是些鲁莽的新手。不管怎么样，这些蝴蝶和甲虫让我对陌生的尖峰岭充满了期待。

▲ 珍贵的阳臂彩金龟

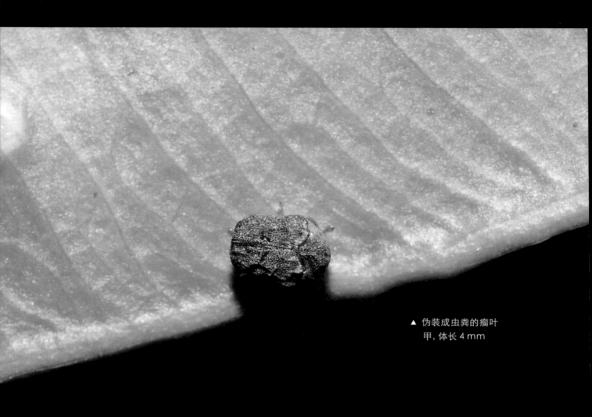

▲ 伪装成虫粪的瘤叶
甲，体长 4 mm

　　在离鸣凤谷最近的避暑山庄安顿下来后，巍巍想休息一下。我决定独自沿着公路溜达一圈，查看一下植被、溪流的基本情况。我也小心地进入了一些杂灌地带，看看有什么好玩的东西。在热带雨林工作，我一直非常小心，因为太多有名的毒蛇了。据说，在我们入住的前一天，几个山庄的工作人员还围剿过一条眼镜王蛇。

　　让我意外的是，将近两个小时的搜索，一无所获，没有发现任何值得我好好观察和拍摄的东西。这就是著名的尖峰岭？有 2 000 种昆虫的尖峰岭？我有点惊讶。总结了一下，这条公路两边植被相对单一了一点，多是低矮的竹丛，看上去有点像矢竹属的种类。竹丛昆虫相对少一些，另外，路边有高大的乔木，没有其他过渡的丰富杂灌，也没有花朵。所以，白天在这样的环境下搜索，自然会有这样比较郁闷的结果。

吃饭的时候，我们分析了状况，白天还是应该进鸣凤谷，深入雨林深处观察拍摄。晚上挂灯诱虫之余，那条公路反而值得去，一是夜晚活动的昆虫在公路两边容易发现，二是高大的路灯，一定会吸引很多大型甲虫过来。

饭后，我们在屋顶挂的诱虫的灯已亮起来了。由于居高临下，四周树冠都有光亮射到。只有十多分钟，一只大型蛾子扑了过来，在灯光前乱舞了一阵，停在地面上。它飞的时候，甩动着漂亮的凤尾，让我们一眼就认了出来。大燕蛾！这是一种非常像凤蝶的蛾子，属于燕蛾科，这个科的蛾类因形体大，又漂亮，是很多标本收藏家比较偏爱的。

我欣赏了一阵大燕蛾，没打算拍摄。我相信会有更多有趣的东西飞来。这就是挂灯的好处，从密林深处，灯光就像巫术一样，召唤着趋光的它们，逼使它们陆续飞来报到。不一会，一些可爱的小昆虫，陆续到了灯光下的白布上。很小的天牛，很小的甲虫，很小的……咦，我简单不敢相信自己的眼睛，布上那个挥舞着一对利爪的是什么啊？！螳蛉，一只超小的螳蛉。

螳蛉的前足像凶猛的螳螂，翅和腹部像纤弱的草蛉，它真是一个奇特的进化的产物，把凶猛和纤弱完美地结合在了一起。

▲ 螳蛉

▲ 伪装成鸟粪的瘤叶甲 - 侧面

　　在野外，发现螳蛉，并不是一件容易的事。我曾经在西双版纳的野象谷溪边一棵树上发现过一只螳蛉，在我小心用相机对焦的时候，警惕的螳蛉展翅飞走了。过了好几年，我还记得我对焦时的心跳和发现它飞走时的巨大的惋惜。后来，再见到螳蛉，都是灯诱而来的。

　　来不及多想，我小心地把螳蛉引到草丛中——因为它和众多的大蚊和蛾子挤在一起，没法拍摄。它很满意这个新的活动场所，在草叶上迅速地活动开了。我也迅速调整好相机参数，开始了疯狂的连拍。作为雨林爱好者，我最迷恋的也是这个时候。眼前，只有眼前，才是全世界的中心，一切事物一切时间都围绕着这个中心——万籁俱静，只有这优雅的物种在眼前轻盈舞蹈。而我唯一要做的事，就是对准它拍个不停。用相机凝结这些奇迹般的时间和场面。啊啊，在这样的夜晚，兴奋又急促的快门声，是最美好的音乐。

　　当晚进行了两次巡游式夜拍。

　　第一次，就是顺着公路，看看两侧有什么有趣的物种，另外就是每到路灯，必驻足仔细搜索。白天一无所获的公路两侧，夜晚露出了真容。

▲ 长角象

　　一只硕大的树蛙，在比我们头顶还高的地方悠闲地挂着，一动不动。它趾上的吸盘，一览无余。我在重庆和云南，多次拍到更小的雨蛙，而其中最常见的华西雨蛙，体型小，非常精致，可以趴在树叶上。这只树蛙明显大得多，颜色也不是绿色。我们还发现了蛙类的克星，一条蛇，不过，暂时还是一条小蛇，在阳沟里寻找小虫充饥。

　　在一丛植物的根部，发现了一种没见过的虎甲，数量不少，估计这是它们白天四处捕食，晚上到这相对安全的隐蔽处休息。

　　路灯下，更是热闹，独角仙、锹甲这些大型甲虫，都是六脚朝天，在公路上无奈地挥动着纤细的脚。灯光让它们迷失了方向，光滑的路面，又不便翻身，它们莫名其妙地被困在那里。侥幸翻过身来的独角仙，奋力飞向天空，但是，灯光又会让它们飞回来，重重地跌落在地上。如此反复，灯光真是它们的克星，是它们最黑暗的陷阱。

◀ 树蛙

▲ 夜晚，虎甲在隐蔽悠闲地清理触角

▲ 缺翅虎甲产卵中

▶ 头形像米老鼠
  的筒瘤竹节虫

第二次是进入黑暗深入的鸣凤谷，用手电慢慢照亮雨林深处。

在石崖上的蕨类上，是竹节虫最喜欢待的地方。竹节虫最喜欢夜间进食，黑暗让它们无所顾忌，因此很容易发现。手电筒是发现雨林之美的最好的工具，它忽略了雨林的整体，只提供一个明亮可见的局部，让你的注意力集中在一小块一小块被照亮的地方。所以，一点

▲ 硕大的蜡蝉

▲ 中华奥锹

也不用惊讶，我们总是在夜晚发现远多于白天的精彩物种。而鸣凤谷，正是精彩物种的热闹舞台，仅同翅目而言，蜡蝉、瓢蜡蝉、蝉等我们就发现了 20 多个美丽的物种。

沿着鸣凤谷的栈道，我们穿过了一片密林，走到前面的我，先同伴百米来到夜空下。我下意识关了手电，仰起脸，看到了尖峰岭寂静的夜空，这不是我熟悉的夜空——月亮模糊，星星硕大、密集，仿佛饱含水分。

没有路灯，没有挂灯，没有手电的夜空，才是真正的尖峰岭的夜空。它太美了。万千生物在这样的夜空下，生生不息已有万年，才进化出如此丰富多姿的物种。每一个物种的基因中，都携带着这样的星空地图，因此黑暗对它们不是问题，只要未被我们的灯光打扰，它们来去自如，从未有过路灯下的困局。

◀ 长得像小
丑的蜥蜴

▲ 住地附近，一条蜥蜴
成功捕到一只螽斯

一次恐怖 而美丽的

考察

YICI KONGBU ER
MEILI DE KAOCHA

Chapter eleven

　　经过三亚的辗转，在五指山市，我们直奔自然保护区。说实话，一如既往地上山，选择住宿地，联系保护区管理局，对五指山之行会遇到什么，我有点麻木，有点缺乏思想准备。

　　在宾馆院内，就感觉到有点不妙。当时是在院内散步，无意中撞见一条蜥蜴偷袭一只硕大的螽斯，赶紧回屋取了相机跟去。蜥蜴即使在吃东西的时候，也是很敏感的。它径直钻进了一堆杂草里，我轻手轻脚围着这堆杂草转，想找一个好角度。极偶然地，我眼睛的余光，发现鞋上有什么东西在蠕动。定睛一看，不过几分钟的时间，两只脚上都沾满了细小的旱蚂蟥，全部在一伸一缩地往上爬。我大叫了一声，跑到院子里一阵跺脚。

"你这样没用。"一个路过的女服务员笑着说。她蹲下来，教我如何一根一根地捉走旱蚂蟥。我们在五指山的恐怖之旅就这样开始了。

　　很奇怪，我们把宾馆草地角落有旱蚂蟥，当成了一个偶然的状况，因为那一带确实有点积水，比较湿。也没有仔细向当地人请教关于旱蚂蟥的问题。这样的大意使我们后来吃够了苦头。

　　以无知者的无畏，我们穿行在五指山的大道小路之外的草丛中，直到我们再次发现身上有旱蚂蟥时，既不知道它们是什么时候爬上来的，也不知道它们吸了多少血。

　　和同伴相比，我算是中弹较轻的，身上取下来七条旱蚂蟥，三处很难止血的伤口。他更惨，伤口更多。他走过的小路上，一路都有血迹。

　　最恐怖的一次，是当天晚上，他在草丛中寻找竹节虫，几分钟的时间，袜子上布满了一层蚂蟥。这个从不害怕毒蛇或毒虫的人，也忍不住惊恐地大叫数声。我们开始意识到雨季五指山旱蚂蟥的严重性。几乎只要是有草丛树丛的地方，就有无数的旱蚂蟥。而另一个问题是，我们想寻找的昆虫，几乎都在草丛树丛中。

▲旱蚂蟥

▶ 同叶螽

　　为了判断在草丛中停留多长时间，旱蚂蟥会上鞋，第二天上午，我们在草丛中的空地蹲了下来，观察旱蚂蟥是如何靠近我们的。看到的情形让我们浑身起鸡皮疙瘩：不是一条两条，甚至不是几十条，以我们视野所见，几十米内的旱蚂蟥数以百计地一伸一缩地爬过来。而我们移动时，它们会挺起身躯，判断我们的位置，一旦我们停下来，它们就迅速地调整方向，继续靠近。

　　现在想起来，我挺佩服自己的，就在那样的围追堵截中，我们照样地穿行在丛林中，上山，下溪沟，没有打算从五指山撤退。而五指山也给了我们极大的回报。

最让人惊喜的发现，莫过于借助灯诱，发现了两种叶䗛。其中的中华丽叶䗛是雄性，它长得有帝王的气象，身体看上去像一片骄傲的黄叶，喜欢待在那里一动不动，只有触角极细微地抖动着，捕捉着空气中的信息。难怪叶䗛又被称为叶子虫。同行的分类学家激动万分，因为这个物种目前只有一个雌性标本，这是首次发现它的雄性。显然，还没有人拍到过中华丽叶䗛雄性的照片。

另一种同叶䗛，其实也长得很漂亮，我围着它转了很多圈，拍了很久。

▶ 中华丽叶䗛的雄性，这应该是人类首次拍到此物种的生态照片

▲ 丽拟丝螅

▲ 颜色伪装得和背景一样的螳螂若虫

　　在五指山的几天考察中，我个人最偏爱的物种，是在溪边发现的丽拟丝螳。

　　那也是一次冒险探索的收获，到溪边的路被草丛簇拥着，我是硬着头皮，作好了无数旱蚂蟥上身的思想准备，独自前行的。还好，有惊无险，到达溪边后，我清理全身，只发现一条旱蚂蟥。而五指山雨季的溪边真是梦幻一样的地方。美丽得能让人屏住呼吸的丽拟丝螳三三两两，从容盘旋在水流上面，寻找着蚊虫。它的两对翅膀，一对透明，一对黑色配橙色斑。哑铃形的头部，前沿是鲜艳的蓝色。这件关于色彩的大胆、奢侈的设计作品，同时活着，和我们一样呼吸着空气，这太不可思议了。

　　梦幻般的溪边，并不只是丽拟丝螳。在长满青苔的石壁和树干上，隐藏着很多螳螂和蛩科昆虫。如果只是漫不经心地一眼扫过去，或许你看到的是带点绿色的树干。但是如果你有耐心，凝神不动。那些看似平面的背景就会细微地动起来。你会看到一只、两只、三只……更多的螳螂。

▲ 仔细看，这只大蚊仿佛有一个外星人头呢

让我没想到的是，溪边的灌木上，居然停着很多虎甲。我倒是在晚上，发现过在树叶上休息的虎甲，但谁能想到，上午的光线里，这些虎甲不去沙滩上找蚂蚁，却只顾待在各式各样的树叶上发呆。

▲ 麻虻属种类

触角超长超长的长角象

在五指山我们拍到的有趣昆虫远不止于此，触角超长的长角象，长得孔武有力的螳蛉，……在五指山，有着如此众多的美丽物种，难缠的蚂蟥又算得了什么呢？

是的，算不了什么，我们后来打听到了各种对付它们的办法，在袜子上撒上洗衣粉，在鞋上抹风油精，把裤脚和衬衣结实地扎起来——我们不像是逍遥拍摄昆虫的人，如果再加一个头罩，我们一定像是要去灌木丛中捅马蜂窝的人。而且，五指山的马蜂窝还真的很多。

▲ 某种螳蛉

有呼吸的宝石
YOU HUXI DE BAOSHI

Chapter twelve

先讲和瓢蜡蝉初次打交道的经历，有点像
一个小笑话。

记得是一次野外观察，我看到一只长得很
不一样的"瓢虫"，在一根细枝上一动不动，
奇怪的是，它的触角像是藏起来了。区别瓢虫
和叶甲，我比较依赖它们触角的不同，所以，
习惯性地先观察触角。

这只"瓢虫"就更奇怪了，看不到触角。
有时，遇到有什么危险时，瓢虫会把头、触角
都收缩在一起，一动不动。我以为它正处在这
样的状态里。蹲了下来，耐心等候它重获安全
感，把触角亮出来。然而，就在我蹲下来的过
程中，它直接从细枝上弹射出去了。

▲ 犷瓢蜡蝉

▲ 蒙瓢蜡蝉

是的，弹射！这可不是瓢虫的传家本领啊！而是蜡蝉总科的昆虫们的防身绝技。这是怎么回事呢？我困惑了很久。后来才知道，有一种很像瓢虫的昆虫，叫作瓢蜡蝉！

◀ 螯突圆瓢蜡蝉

▲ 龟纹圆瓢蜡蝉

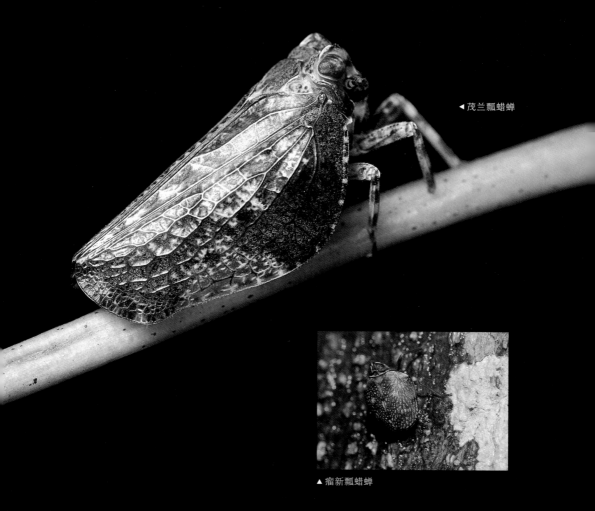

◀ 茂兰瓢蜡蝉

▲ 瘤新瓢蜡蝉

　　瓢蜡蝉是玩弹射的高手，英国有个动物学家叫马尔科姆·巴罗斯，一直想找到动物界的跳远高手。后来他把目标锁定到某种瓢蜡蝉的若虫身上，经测试，这种苦虫能跳 30~40 cm，大约是它体长的 100 倍。这个动物学家还很认真地研究了为什么它能跳这么远——原来，瓢蜡蝉若虫的一对后足有着非常强劲的刺，这些刺能像富有弹性的齿轮一样完美地咬合在一起，从而产生强大的推动力。

所以，看到瓢蜡蝉时，一定要非常缓慢地移动脚步和身体，慢得就像没有动一样，你才能好好观赏到它的尊容。否则，它们只需几十微秒，就把自己弹射出去了，比闪电还利落。

除了有跳远的超能力，瓢蜡蝉还是伪装高手，它们喜欢停留在藤和灌木的茎上，而且，还很会选择相近的颜色，如果不了解它们的习性，很难找到它们。

▲ 赭球瓢蜡蝉

▲ 五斑圆瓢蜡蝉

接触到瓢蜡蝉家族后，我对它们产生了深深的迷恋。据统计，中国的瓢蜡蝉有114种，这已经算得上一个繁茂的大家族了。在我的眼里，这些千奇百怪的瓢蜡蝉，就像有呼吸的宝石一样，有着非常美丽的形状和图案，非常迷人。

我在热带雨林中穿行时，总是热切地盼望着和瓢蜡蝉的相遇，当然，如果是接二连三的相遇，那就更美好了。这样的情况出现过两次，一次是在海南的尖峰岭，我在一个下午就发现了七八种从没见过的非常漂亮的瓢蜡蝉；一次是在贵州的茂兰——树荫里的枝条上，总能找到瓢蜡蝉，数量非常惊人。

茂兰发现的瓢蜡蝉，相比我在海南岛看到的那些鲜艳的同类来说，颜色比较低调。它们停留在纤细的树枝、藤条上的时候，酷似植物的尚未发芽的芽苞。

▲ 瘤新瓢蜡蝉

在通往漏斗森林的崎岖山道上，几乎每走几步，就能发现一只瓢蜡蝉。这成了我和同伴的最大乐趣。不过，拍下它们，也非常有挑战性，它们多在悬挂半空的枝干上，考验你手持相机拍摄的悬空稳定能力。拍摄姿势吃力而别扭也就罢了。这些小东西还非常敏感，极细微的响动都会让它们本能地弹射出去，那速度简直像一枚袖珍炮弹。

有时候，为把一只瓢蜡蝉拍得相对满意，会让我累得气喘吁吁，高举相机的手酸得不行——它在十分钟内简直不听使唤，无法再高高举起。

不过，偶尔也有瓢蜡蝉栖息在低矮的小灌木上，那时，我会在它附近坐下来，一边休息，一边慢慢观察它。如果没有风，树叶静止，瓢蜡蝉静止，我也小心地静止着。这拍摄前的短暂静止，真是让人身心突然安宁，只有细微的欢喜在空气中跳动，就像阳光穿过树林后，只剩下小碎片在林间空地跳动。

▲ 星斑圆瓢蜡蝉

▲ 美萨瓢蜡蝉

▲ 拟龟纹圆瓢蜡蝉

▼ 黄猄蚁有着夸张的上颚，
被它们咬中会有触电般
的短暂的疼痛感

黄猄蚁 小记
HUANGJINGYI XIAOJI

Chapter thirteen

在雨林中穿行的时候，我的原则是管好自己的脚。我对道路边的草丛敬畏有加，有两个原因：一是避免踩到蛇，二是因为草丛中总是有黄猄蚁。关于蛇，真不是我危言耸听，行走在户外，和它们遭遇的次数太多了，而且其中还有些臭名昭著的毒蛇——曾经有一个晚上我就发现了三种毒蛇！当然，我拍它们时都保持安全距离，小心地拍了就撤。脚管住了，不要踩住它们，其实是比较安全的。而黄猄蚁，则是令人头疼的小东西，不容易看见，总是在你全神贯注地寻找昆虫时，咬你一下，让你触电似地短暂一疼。

虽然经常中招，我还是很喜欢这些勇敢又充满智慧的小家伙。

▲ 一个硕大的巢

▲ 黄猄蚁是编织高手，树叶被严实地缝在一起

　　黄猄蚁是一种织巢蚁，喜欢在空中筑巢，树枝上安家。以黄猄蚁这么小的身板，要把硕大的叶片扯到一起并缝起来，其实是一件非常困难的事。它们能够成功，靠的是作为社会型昆虫的近乎完美的协作能力。

　　我很喜欢一位外国昆虫学家的表述，他说单独看一只蚂蚁，其实很难理解它的行为，但是如果把一个家族的蚂蚁作为一个整体来看，它们的行为就有了严密的逻辑性。我曾经观察过一次黄猄蚁筑巢，太令人赞叹了，那过程堪称巧夺天工。

　　数百只黄猄蚁各就各位，把一片树叶拉向另一片树叶，在最后快合拢的时候，它们搭起了蚁桥，有的拉其他工蚁的身体，有些拉树叶，这样非常缓慢地让离得很远的树叶靠拢在一起。工蚁把能吐丝的幼虫衔在嘴里，来回舞动，幼蚁就像一根活着的针，不停地穿梭、吐丝，每当它的头部接触到叶片边缘时，工蚁还会停顿一下，让幼蚁把丝线咬在叶片上，它们竟是这样在富有节奏的合作中完美地进行编织的。

行进途中的交流

一场恶战结束，打扫战场的黄猄蚁会把敌人和同伴的身体都搬回家。如果你仔细观察，会发现，它们搬运敌人尸体时要小心得多，常常是两个以上的工蚁抬着走，像是担心对手又突然醒过来似的。

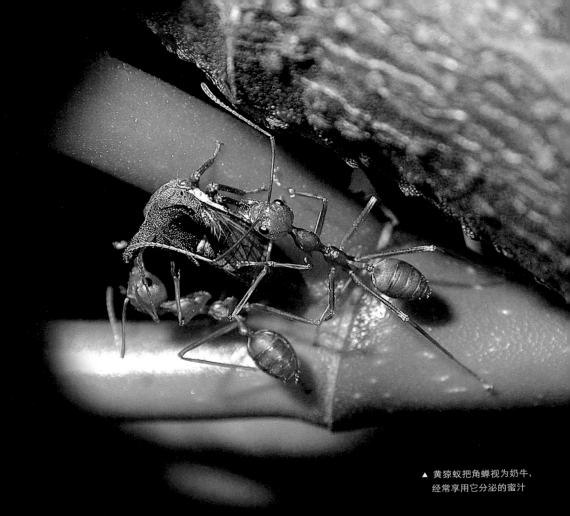

▲ 黄猄蚁把角蝉视为奶牛，
经常享用它分泌的蜜汁

　　完成后的巢，大的有足球大小，小的仅比成人拳头稍大，往往这样的巢呈一组地均匀分布在一棵树上。黄猄蚁们就在这样的"楼群"中来来去去。

　　这边在建设，那边收集食物的工作还得同时进行。黄猄蚁看来是胃口很好的种类，什么都吃。我看见过它们扑向一个野果子，一点果肉一点果肉地往巢里搬，也看见过它们捕捉叶甲——那只叶甲东倒西歪地被它们拖着走，完全放弃了挣扎。游客掉的面包屑，它们也不放过，高高兴兴往家里搬。

▲ 它们拼命伸长了身体，想够到溪水，但是显然不能成功

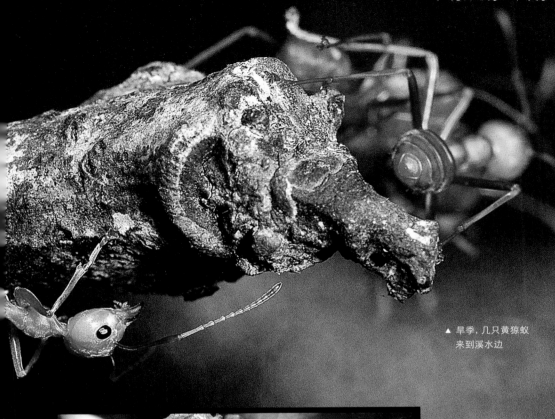

▲ 旱季，几只黄猄蚁
来到溪水边

▼ 这次运气不好，蚁桥断
了，有两只倒霉的蚂蚁
掉进了水里，其他的在
原地不知所措

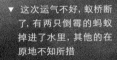

▲ 绝技出来了，它们尝试用身体做成蚁桥让大伙下去，
蚁桥是它们筑巢时经常使用的手段

▲ 黄猄蚁非常好斗，不畏强敌。虎甲本来是蚂蚁的天敌，但如果在草丛中遇到两只以上的黄猄蚁，也有葬身蚁口的危险

　　和它们的体积比起来，黄猄蚁应该算得上大力士了吧。我最惊讶的一次发现，就是看见两只黄猄蚁居然在树根下捕捉了一只缺翅虎甲，这力气该有多大！那只虎甲勉强挣脱，小小的蚂蚁又冲上前去，再次把它固定。虎甲本来是蚂蚁们的天敌啊，没想到两员小将一左一右扯住了虎甲，虎甲竟无法再次动弹。

▲ 黄猄蚁有着夸张的上颚，被它们咬中会有触电般的短暂的疼痛感

仅仅几分钟，收到信号的家族成员迅速赶来，把虎甲团团围住。

这只缺翅虎甲在僵持了很久后，开始了最后的挣扎，它张开钳子一样的口器，咬住了一只黄猄蚁，把它剪为两段。同伴的牺牲，根本没让黄猄蚁住手，它们继续冷酷地撕咬着虎甲，直到它奄奄一息。

和其他战利品没什么区别，它也只是被前呼后拥往巢里抬的一块食物而已。

▲ 同一树枝末端的另一个巢，一个蚁群往往在主巢附近有多个规模稍小的巢，就像人类大城市附近的卫星城市一样

树干上的故事

Chapter fourteen

　　了解一片树林的方式有两种：一是用散步的方式反复穿过它，从树林里面浏览它的全貌，那么就会对它的整体面貌有一个大致的把握；另一种是聚精会神，研究它的一棵树或几棵树，一棵树也是一个极为丰富的生态系统，一个世界。就像从一面镜子里面，看到一个城市，一棵树也可以作为这样的镜子，它映射出很多整个树林的信息。

　　这个道理还可以进一步缩小，比如从一棵树的局部，比如树干、树叶来了解整个树的状况。树干不仅支撑起整棵树，它还是所有枝叶和花果的营养输送者，或细致或粗糙的树皮下面，就像有很多条看不见的小河在奔流，而且是从树根深处往天空中奔流。

▲ 树干还为很多物种直接
  提供了食物，比如蜣蝇

　　对于寻找昆虫来说，多数时候我们比较关注树的枝叶，因为的确有很多昆虫总在树叶和枝条上生活。光线不够好，与明艳的花和叶比起来，看上去死气沉沉的树干则是比较容易被忽视的地方。这样的偏见，我也持有了很多年。树干，只是我偶尔找一下蝉的地方。

　　其实很多昆虫，特别喜欢待在树干上，树干的颜色适合它们隐藏自己，树干的清凉也适合它们生活。

▶ 原来如此！它可不是在悠闲的散步，看它的产卵器，刺破了坚硬的树皮，这棵树真不走运，花天牛的宝宝会让它吃够苦头的

◄ 这只花天牛，在一棵碗口粗的树上转圈，它有何想法

▼ 多看一会儿，就看出规律来，它每走一阵，就会在一个点停留下来，而且尾部有微小的动作

在五指山的那次外拍，彻底改变了我的看法。在五指山的一棵树干上，我前后三次共花了四个多小时，拍到了七八种迷人的昆虫，包括两种漂亮的瓢蜡蝉。有了这个经验，我后来在尖峰岭，选择了一根倒下去的树来重点考察，我没有失望，所发现的有趣昆虫同样有六七种，此外还有三种蛙类。

而传奇般的事件，是我在景洪市的花卉园与一棵东京油楠的相遇。那是四月的一天，温度很高，我和同伴逛完了整个园子，基本上没什么收获。我们在一处可以喝点冷饮的地方休息了一阵，头上是一棵悬挂着长长的豆荚状果实的树。可能豆荚早已老熟，每过一会儿，就会有长长的一根根的豆荚摔落下来。我们就在这声音里闲聊，已经没多大动力再去园子里寻找了——这样悠闲的时光的确很少，我们差不多坐了四十分钟。

▶ 鹿蛾把树干当成
安全的婚床

　　终于，我还是有点不死心，打起精神又出发了，花卉园只剩了
很小的一部分没去，我记得那里有几棵澳州坚果，我有点好奇它们
究竟还在开花没有。

　　就这样，我来到了这棵东京油楠前，它不在路边，树下落叶堆积，
落叶堆里还有落下的树枝，上面生长着坚硬的刺——可能也因为这
个原因，几乎没人靠近它。

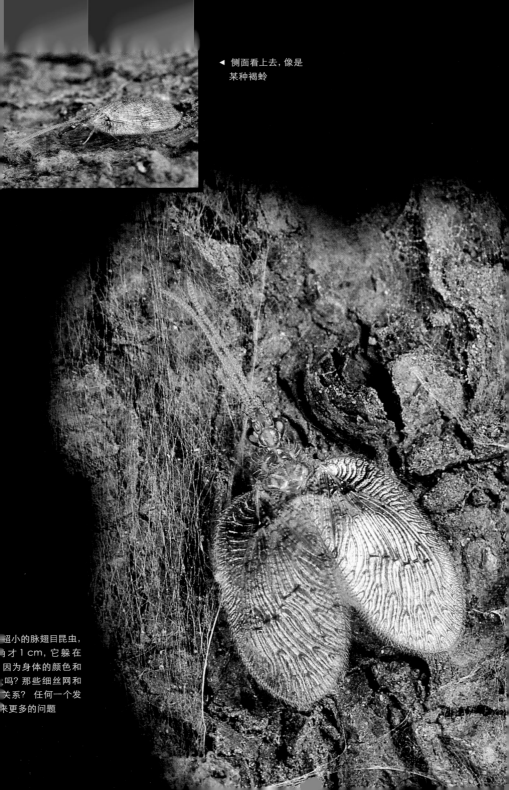

◄ 侧面看上去，像是
　某种褐蛉

超小的脉翅目昆虫，
身才 1 cm，它躲在
因为身体的颜色和
吗？那些细丝网和
关系？ 任何一个发
来更多的问题

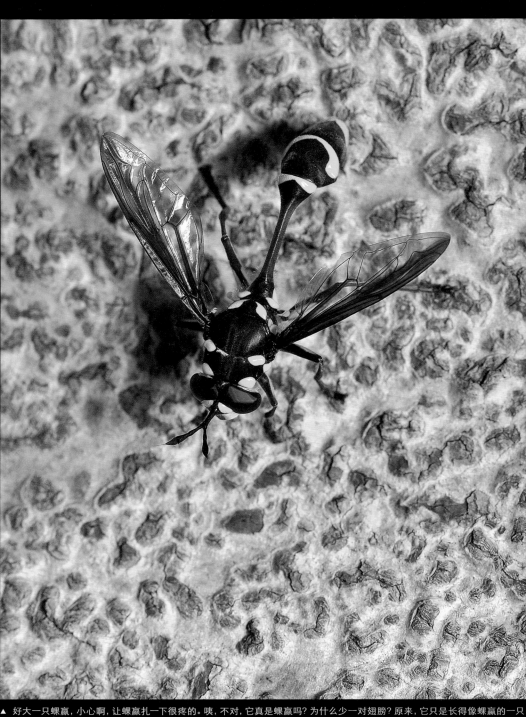

▲ 好大一只蜾蠃，小心啊，让蜾蠃扎一下很疼的。咦，不对，它真是蜾蠃吗？为什么少一对翅膀？原来，它只是长得像蜾蠃的一只食蚜蝇而已，双翅目模仿更有攻击性的蜂类，因为这样更安全。它连胡蜂总科的特片——翅上的纵褶都完美地模拟了

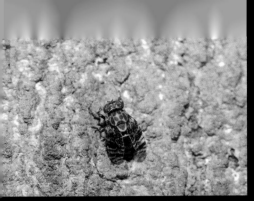

▲ 广口蝇，不得不说它长得很耐看

▲ 在树干上找到这只蜡蝉还真不容易

▲ 斑马树郭公，几乎只能在树干上才能找到

▲ 既然很多昆虫都把树干当成避难地，这个半翅目猎手当然不会错过，这里它感兴趣的食物太多

▲ 甲蝇是很奇特的种类，虽然是蝇，但它们有着甲虫一模一样的盔甲。它们和甲虫有着完全不同的进化路径，但是偶尔会选择相同的进化策略

一缕穿过层层树叶的阳光，投射到它的树干上，光斑里有一个小东西引起了我的注意。一只半透明的甲蝇，正贪婪地在树干上吮吸着，不停地移动身体。

甲蝇是我一直感兴趣的奇异物种，在全国各地多次发现，但好动的它们很难让你看清楚，拍到它们清晰的特写照更是困难。

▲ 甲蝇的翅膀总会露一截出来，就像有些人的衬衣，总是从外套下面露一块出来

▲ 它可不是蝽，它是长角甲！长得很古怪吧

相对它在草叶间来回折腾，树干上的甲蝇是太好拍了，它很有规律地在一个很小的范围内跳动。美中不足的是，它的位置比较高，我要踮着脚才能拍摄它。这样我要保持稳定就比较困难。

我一直拍到踮着的脚尖支持不住了才停下来。接下来很自然地对这棵树的树干仔细看了看，这一看，吓了一跳，这完全是一个圆柱形的昆虫公园啊，很容易就发现了十来种昆虫。受此鼓舞，我放慢速度，目光一毫米一毫米地移动，果然，又发现了一些隐藏得很好的瓢蜡蝉、象甲。

▲ 这个区域，我搜索到第五遍，才发现有一只瓢蜡蝉的，它太善于选地方了。什么？你还没看到它，哈哈，继续仔细找吧

▲ 不要以为这一只比较容易找到，其实它很小，5 mm 左右。看它背上的颜色，就知道它更应该待在这里，而不是别的地方

▲ 把树干当成婚床的,还有天牛

▲ 花金龟与蚂蚁在树干上争食

昆虫种类达到 10 种! 昆虫种类达到 16 种! 昆虫种类数达到 19 种! 一个小时左右的时间,记录不断刷新。

其中,值得仔细观察和拍摄的超过 10 种。这是个什么概念呢,平时一个完整的周末外拍,能引起我浓厚兴趣并仔细拍摄的昆虫,不过三四种而已。这一棵树的一段树干上,就有相当于平时几个工作日的发现。在这里我们找到的，超过了我们在这个园子里走过的数百棵树吧。

那些树上是真没有我们想找的昆虫？其实我已不敢很肯定了。很多时候，我们以某种惯性移动的脚步，以不再坚定的目光，麻木地经过着，经过着，很可能错过了很多东西。

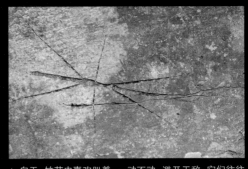

▲ 白天，竹节虫喜欢趴着，一动不动，避开天敌，它们往往在夜间进食

▲ 竹节虫头部特写

▶ 指角蝇喜欢待在有分泌物的树干周围

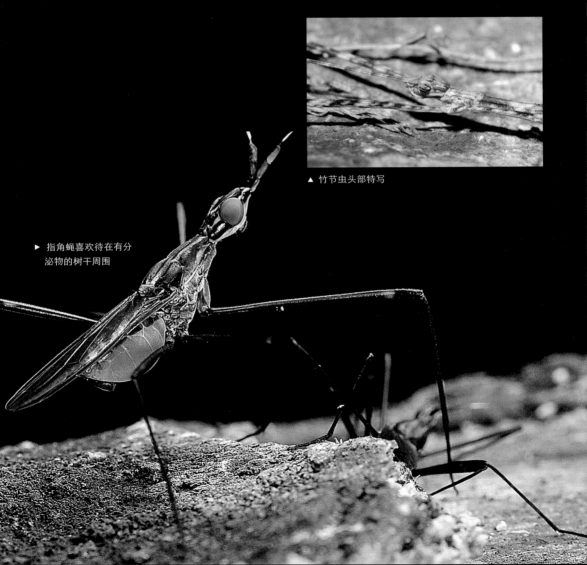

▲ 碧蝉

跟我去看 蝉的羽化
GENWO QUKAN CHAN DE YUHUA

Chapter fifteen

　　盛夏，并不是很多人所想象的观察昆虫最好的时候。天气炎热，很多昆虫避开了烈日的锋芒，物种其实相对暮春至初夏要单一得多。在野外搞灯诱，来的都是些常见昆虫，不会有令人眼前一亮的珍稀或观赏物种。全无初夏时在灯下左看右看，目光都似乎不够用的惊喜和忙乱。

▲ 胡蝉

▲ 黑草蝉

　　不过，这个季节倒有另一个不错的节目——那就是打着电筒，去看蝉的羽化。特别是对参加户外观察较少的朋友，有机会参观一次从幼蝉出土开始的羽化全程，是相当不错的福利。

　　如果你不够幸运，没能跟着我去实地看，那就仔细读完这一篇笔记，间接享受夏季最独特的时刻吧。

　　先说如何找地方。选择疏密合适的安静树林。太密的林子不便观察，而幼蝉又会回避太闹腾的地方，比如脚步繁忙的步道。它们是很聪明的，知道如何减小风险——羽化期间是它们最脆弱最危险的时候，绝不能受到打扰。

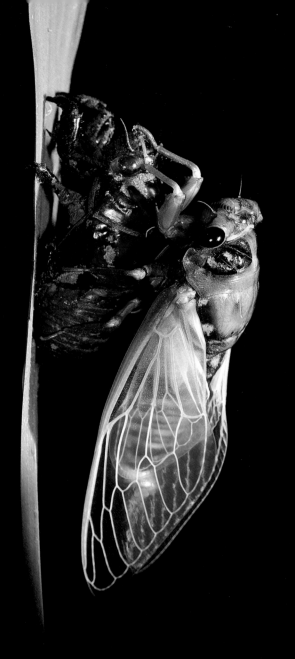

　　选择好树林后，还要进去观察，林下的地面是否松软，湿度是否够，太干燥太硬的地方都不适合幼蝉生存。最后还要观察两点：一是树根四周，是否有些小孔，幼蝉很可能就住在下面，你看不到它们，因为它们在下面至少一米多深的地方；二是树干或枝条上，是否有蝉蜕。如果这两点都不符合，还是趁早另外找地方吧。

　　接着就是观察的时间了。据有关资料可知，蝉有两波羽化时间，一是傍晚，一是清晨，后面这个时间点我没有印证过，我还多少有点存疑——因为清晨羽化，蝉有足够的时间在鸟类活动之前完全晒干翅膀吗？我看到的幼蝉，都是在黄昏的时候就开始爬出来的，并不按时钟的准确时间，它们似乎是以天色为准的。

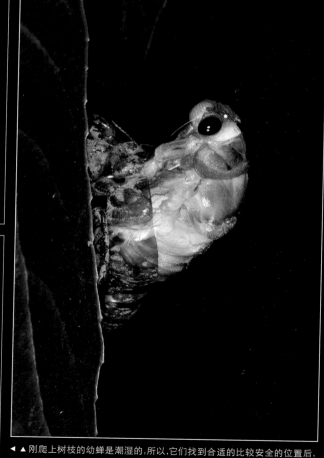

◀ ▲ 刚爬上树枝的幼蝉是潮湿的,所以,它们找到合适的比较安全的位置后,会待上一会儿,紧紧抓住树皮,等着身体晾干。然后,它的背上慢慢裂开一条缝隙,整个身体开始膨胀,并利用膨胀的力量从裂开的缝里脱身而出,和壳慢慢分离。

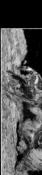

◄ ► 注意蝉和壳分离过程中，那些细小的线，发挥着独特的作用——它们让膨胀过程非常平稳、安全

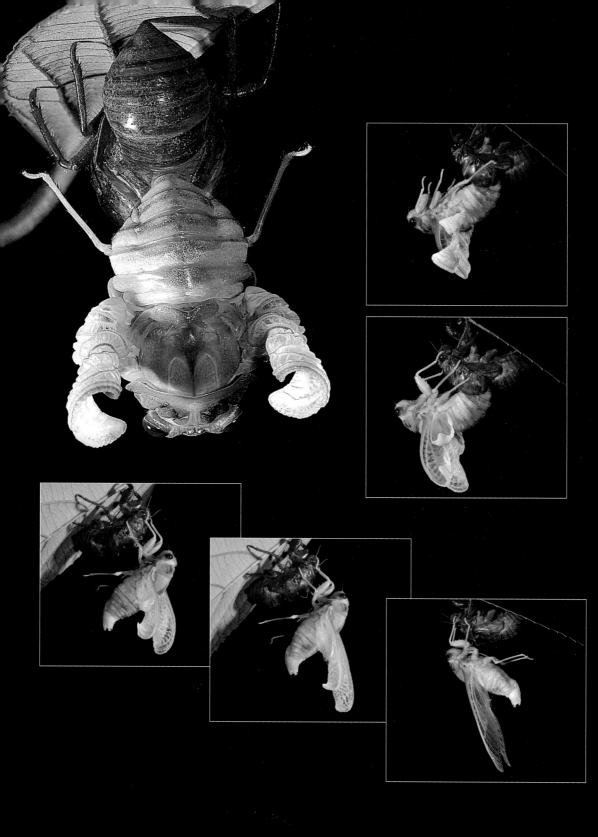

▲ 这是最精彩的时候,你能看到
卷筒一样的翅如何展开,我
分析它的工作原理是:膨胀
的身体带来了压力,得以向翅
膀上的脉管注入液体,正是
液体的进入让扁扁的脉管变
粗、变硬,卷着的翅也随之伸
展开来。

蝉会在完成后调整姿势,保持
翅膀不碰到任何物体,这很
重要,否则,它娇弱的翅膀就
不能羽化成功

▲ 黑丽宝岛蝉

时间地点都知道了，你就可以跟我一起开始这一段美妙的旅行了。

真的，非常美妙。蝉总是历经数年甚至十多年的地下生活，才进入短暂的成虫阶段。和漫长的地下生活比起来，蝉的成虫期，就是烟花盛开般的华丽而易逝的瞬间。而由幼虫至成虫，羽化又是最奇异最关键的转折，整个过程如同美丽的魔术。

充分利用你的观察力和注意力吧，这段旅程是值得的。

▲ 绿草蝉

▲ 红眼蝉

▲ 红娘子

▼ 竹蛉若虫，很萌的样子

灯光下的 昆虫
DENGGUANG XIA DE KUNCHONG

Chapter sixteen

在野外寻找并发现昆虫，是
事、有悬念的户外活动，相当考
察能力，你对不同昆虫的生活特点
这样的寻找就越容易。

许多昆虫善于伪装，比如有
一片树叶，竹节虫像一截枯枝，
幼虫像鸟粪，克服各种困难，把
来，有如破解一道道有趣的难题。

▲ 如果是晚上，褐蛉就经常落到墙上或地面上。脚下小心哦，不要踩着它们了

　　但并不是所有昆虫，都能通过眼睛观察就能找到。比如主要在树冠上活动的昆虫，不管你是白天扫描小道两边，还是晚上打着电筒四处搜索，都很难发现它们的踪影，因为它们的生活区和我们有着一段不小的距离。这段距离就像把我们分隔在两个世界里。很多人一生中都没有亲眼看到过这些奇异物种，而它们，同在地球，甚至是我们的邻居。

　　就算不是树冠昆虫，很多珍稀昆虫，或者成虫发生期短，或者生活习性比较隐蔽，也很难被我们发现。以脉翅目的意草蛉、螳蛉，蛇蛉目的盲蛇蛉为例，极难在野外发现它们。

▲ 羽化中的螽斯

▲ 蚁蛉的停留是不稳定的，很可能转眼就飞走了

在重庆城口发现的一种意草蛉，晚上八点左右逗留在灯下，稍迟全部飞走

▲ 清晨，路灯下面的草丛里，能找到褐蛉

　　不过，我有位朋友很幸运。他充分利用了自己个头不高的优势，经常趴在地上看树草叶或树叶下面藏着什么，这

是一个很吃力很古怪的角度，但很有效，他经常有超出队友们的发现。这一次，他在地上趴了一阵，咕噜了一句，这只螳螂长得真奇怪。同伴过去一看，什么螳螂啊，螳蛉！它和螳螂的相似之处在于，它也有着类似螳螂的捕捉足。

　　不幸运也就不幸运吧。反正这些高高在上或者大师级的隐藏高手，会被灯光吸引，主动飞到我们身边来。夏天的晚上，只要开着窗，就会有一些不请自来的客人

▲ 水生昆虫石蝇，羽化后就在岸上活动了

▲ 丛蝇长得很精致

▼ 附近有溪流的话，
蜉蝣是会很多的

这些客人性情还各不相同，有的雅致，比如草蛉，身体似乎半透明的它会安安静静地停在灯罩上，像一件精致的艺术品。早晨，草蛉再悄悄离去，留下空虚的灯罩。知了就不同了，它像一个脾气很大的酒鬼，常常是不停地用头撞墙上，还不停地歇斯底里地嘶叫着。

当然，最厉害的是天上下甲虫雨。这可不是夸张的说法，我遇到过两次非常真实的甲虫雨。

一次是在重庆的铁山坪，屋顶上挂灯，那个地方很不错，四周都是松林，由于建筑在山顶的缘故，灯光还略高于树梢——这几乎是灯诱的最佳高度。灯亮起才十分钟左右，云斑鳃金龟就像冰雹雨一样从天而降，呼呼有声，打得我和同伴们抱头鼠窜，狼狈不堪——转眼间屋顶空无一人。

让我们仔细看看大蚊的头部

▲ 网蝽也出现在灯下，这是较少见的。它飞行能力不强，就算有趋光性也比较难飞过来吧

▲ 猎蝽不是无缘无故来到灯下的——这里有着太多的猎物了

一次是在四川的华蓥山，也是在屋顶，挂灯，前半小时没什么动静，一群人无聊地立在楼顶上聊天，突然间，锹甲雨就下起来了，没有腮金龟那么密集，但下得持久，下得东倒西歪，有些还滑翔一下。共有三种锹甲，以四川深山锹为多。那十多分钟真是激动人心的盛况。

其实，有时候也不用专门挂灯，山中住所的路灯下，自然会有很多昆虫飞来，沿着一条路的若干路灯盘查一番，也能发现很多好玩的东西。

我还喜欢清晨早点起来，去灯光照过的灌木或草丛中寻找——很多被吸引来的昆虫，要待到太阳升起，把身体晒热了才会飞走，所以清晨正好发现它们，光线好，拍摄起来方便，也比挂灯省事。

有些昆虫来了，天亮了也不走，它们不是飞来的，而是慢慢爬过来的。螳螂和螽斯的若虫就爱往灯下凑，它们也懒得再找地方了，就近选个树枝羽化。灯光照着它们的羽化过程，有小小的美感和神奇。

▲ 黄猫鸮目天蚕蛾，顾名思义，它的眼斑就像猫头鹰的眼睛一样锐利醒目

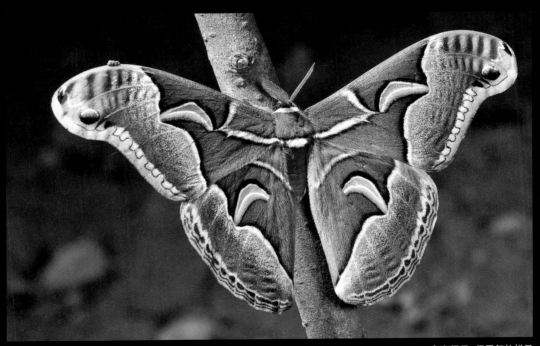

▲ 角斑樗蚕，很霸气的样子

花间 HUAJIAN

Chapter seventeen

　　很多开花的植物和昆虫有着奇特的合作关系。植物迎合性地进化出蜜腺，绝大多数蜜腺都在花内，靠近雄蕊和雌蕊。蜜腺分泌着糖分，散发着甜甜的香味，吸引着昆虫源源不断地赶来吮吸。作为交换，昆虫们也顺便完成了帮植物在雄蕊和雌蕊之间授粉的任务。

　　这种进化并不是单方面的，昆虫也进化出了适合吸食花蜜的口器，最典型的是蝴蛾类的长长的喙，用来伸进花瓣深处，十分灵巧好用。

▲ 光萼茅膏菜长着奇特
的触手般的叶子

喜欢在树荫下，又喜欢花，这个矛盾如何解决呢？同宗星弄蝶的回答是，悬钩子

▲ 光萼茅膏菜的花非常娇美，而且很能吸引昆虫

　　菊科的多数植物，花朵是完全摊开的，它们友善地迎接各路昆虫。蜜蜂、蝶蛾、花金龟、蝇等，口器不同，但都可以分上一杯羹。它们是开放的甜品店，热情好客，不辨贵贱，来者不拒。

　　有些脾气古怪的植物，就比较挑剔了，它们的蜜腺藏在幽深的管状或漏斗状的花朵中，只向特定的昆虫开放，这应该是为了淘汰一些无用的食客吧。它们的花房就好像会员制的俱乐部，不是谁都可以进来的。比如凤仙花，就有如此作派的清高。

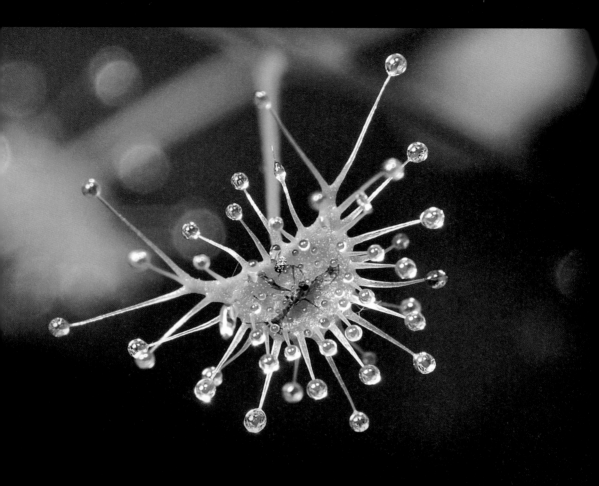

▲ 被花和叶子分泌物吸引过来的昆虫,
一旦被毒液沾住,就会成为牺牲品

　　植物不仅利用蜜腺来吸引义工,帮助自己繁殖。有些长期受到植食类昆虫危害的植物,还气愤地进化出了花外蜜腺,这些蜜腺经常出现在叶片上,它们是专门给蚂蚁准备的贡品。蚂蚁军团前来享受甜品的时候,会顺便拖走那些啃食叶片的家伙。植物和蚂蚁结成了同盟,它们共同对付别的寄生物种。

　　说到蜜腺，我得提一个大笑话。有一天，在超市看到一瓶瓶桂花蜂蜜，我的眼镜都差点掉到地上去了——桂花，众所周知是没有蜜腺的植物，蜜蜂如何采蜜？人们不停地在闹桂花蜂蜜之类的笑话。

　　我们还是继续说花与昆虫吧。不同季节，在某个区域，总有一些最吸引昆虫的开花植物，我对这些植物是充满感激之情的，没有它们，很多昆虫只会飞快地掠过我们眼前，没有看清楚它们的机会。

▼ 花吸引昆虫，花蟹蛛的进化深入地把握了这一点，它甚至和花瓣几乎融为一体

▼ 白伞弄蝶与大花醉鱼草

▲ 晨光把吸食花蜜的报喜斑粉
蝶刻画得多么纤美

　　有一次，我们驾车去重庆的武陵山森林公园
外拍，那里蝴蝶种类众多，季节又正好，都怀有
很大的期待。但是老天不作美，刚进公园，暴雨
就毫无预兆地来了。担心暴雨冲毁道路被困在山
上，我们赶紧调头往山下开。

　　开到半山，雨停了。天阴沉沉的，远处又有
阳光穿透云层，像几柄透明的巨剑斜插在田野里。
我们是再调头上山，还是下山呢。一车人有了不
同意见，争论起来。

▲ 小蓟上的云粉蝶

▲ 喜欢在树冠逗留的高高在上的绢粉蝶，也会因为大蓟花的香气而飞到低矮的草丛间

◀ 傍晚，长喙天蛾还在荆条
花间盘旋，不舍离去

　　双方妥协的结果是，就近先随便看看拍拍，看天气情况再说。于是我们找了一个小山谷，步行进去。

　　没走几步，前面出现一个斜斜的山坡，坡底是雨水形成的临时溪流，哗哗作响。走在前面的人突然压低了声音，兴奋地做着手势。一定是有重大发现！

　　我赶紧加快脚步。走近一看，天啊，太美妙了，坡的下半部是连成一片的臭牡丹，几十只长喙天蛾盘旋在它们之上，相当壮观。

　　太难得了！几个人轻手轻脚靠了过去，顾不得前面全是齐腰深的挂满雨水的灌木和杂草。

▲ 长喙天蛾常被误认为是蜂鸟，因为它们常在花间悬停

▲ 咖啡透翅天蛾与荆条

　　夏天的臭牡丹是昆虫们的最爱。后来，我在很多地方都有意识地寻找臭牡丹，并在它旁边蹲守。美中不足的是，臭牡丹喜欢生长在林下，多数时间光线都不够好。看看蝴蝶什么的还行，要想拍它们就有点困难。

　　五色梅就不一样了，对昆虫来说，它同样有着不可抗拒的吸引力。五色梅喜欢阳光充足的地方，如果要拍摄照片，五色梅旁边就很适合了。

蓝色的领王泥蜂长得很卡通，要想看到它，五色梅意待着是最有希望的

我要提醒的是，臭牡丹和五色梅都不是芳香宜人的花卉，都有点淡淡的臭味。这淡淡的臭味，可是昆虫们能闻到的天籁呢。

有没有既好闻又吸引昆虫的植物呢？有，那就是黄荆。黄荆是正宗的蜜源植物，它花期长，花蜜量大，风吹过的时候，散发缕缕清香。几乎所有爱花的昆虫都喜欢它。当然，想在黄荆丛中拍到蝴蝶或天蛾什么的，其实也并不容易。因为黄荆生长茂盛，通常高过人头，很难够着。

经历了很多挫折后，我在家里种的黄荆，就控制它的高度，让它开花的枝条相对低矮一点。最佳观察和拍摄季节，我在那棵黄荆旁边还放个结实的凳子，站上去后，黄荆的花是环绕着我的，前来拜访它的客人都在我的视线范围内。

▲ 华丽丽的丽蛱蝶，是五色梅的常客

▲ 斑蝶也是在冬天较容易看到的蝴蝶，只要温度足够，它们就会在自己的巡飞线路上依次吸食花蜜。当然，五色梅是线路中必经的一个站点

这都是说的夏天的花。早春时，田野里最吸引蝴蝶的是萝卜花和大葱，你能看到蝴蝶忙碌地飞来飞去，其实它们只是从这一片萝卜地飞向另一片萝卜地。我几乎只在萝卜花和葱花上成功拍到黄尖襟粉蝶，它太灵活敏感，又不爱落，还好，这两种花是它的最爱，给我提供了机会。

▲ 早春的萝卜花，也是蝴蝶的最爱，图为黄尖襟粉蝶

▲ 生活在早春的铁木剑凤蝶，白背枫给了它极大的安慰，那个时候盛开的梨花桃花，都不是它的菜啊

　　到了四月初，一种白色的醉鱼草白背枫开了，生活在香樟树上的铁木剑凤蝶，成群结队地循着香味飞来，有时一簇白背枫上，会有几十只剑凤蝶。这个季节，没有比醉鱼草更美味的植物了，它们会在这里消磨整个白天，直到黄昏，才悻悻而去。

　　不在醉鱼草边，偶尔也会看到路过的铁木剑凤蝶，看到它拖着长长的剑突，就像传说中的生物那样掠过窗前，让你发呆一阵——不知它从何处来，也不知它向何处去。

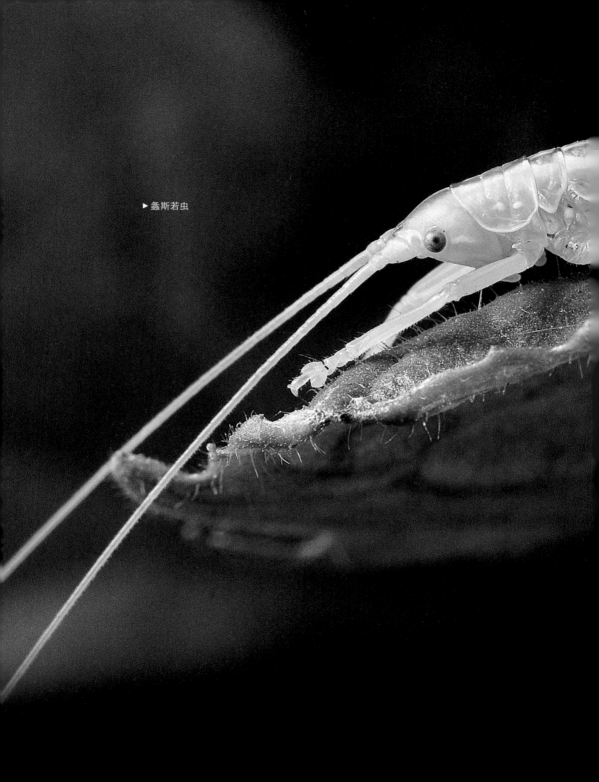
▶ 蚤斯若虫

黄荆
老林

从自怀、赤水到

CONG ZIHUAI CHISHUI DAO HUANGJING LAOLIN

Chapter eighteen

　　因为生活在重庆，野外考察就近选择了几个点，比如东边沿长江三峡走廊的王二包、北边的华蓥山、南边的四面山。四面山是给我惊喜最多的地方，很多珍稀昆虫是第一次在那里看到，很多满意的片子是在那里拍得。四面山的特点是以丹霞地貌为主，溪流密布，原始森林保护得比较好。

肥肉草初开的花，很吸引蜜蜂和食蚜蝇。我一直对这种植物的名字耿耿于怀，多粗俗的名字啊，配得上这么精致的花朵吗

▲ 小二尾蛱蝶

　　由此我开始计划范围更大的考察，在纬度接近，地貌接近的条件下，我找到了三个考察点：四川合江县的自怀原始森林、贵州赤水的自然保护区和四川古蔺县的黄荆老林风景区，这三个点都属于温湿度较高的亚热带湿润季风气候区，自然生态系统良好，非常接近南亚热带的特点，可以说是准热带雨林。

　　考察方式是比较随机的田野调查方式，白天和晚上分别进行户外观察、搜索、拍照记录，另外选择条件较好的地方进行灯诱。在两年时间里，累计在这三个区域十多个点有 20 多个工作日，拍摄照片近两千张。作为物种业余爱好者，我觉得在自然环境优越、物种丰富的这一带进行户外考察，几乎是我能找到的最美丽的工作。

▲ 它伸出了手，但没有人和它握，
　于是自嘲地做了个鬼脸

自怀 Zihuai

　　自怀有着较平缓的峡谷，溪水的流动也幽静舒缓。峡谷深处森林密布，古藤缠绕，原始生态保存得极好。峡谷里虽然步行道比较窄，但适合行走。

　　不过，在自怀寻找昆虫，并不是一件容易的事，峡谷里比较阴湿，只有正午光线好，给发现昆虫带来一定困难。由于原始林基本沿峡谷两边山崖陡峭分布，少有便于工作的林缘地带。同样由于地形的原因，一直没有找到理想的灯诱地点，有一次灯诱，我只看到直翅目和蜉蝣目的种类。多次去自怀观察昆虫的同行，也有相似的经历。

▲ 自怀，丹霞地貌中的雨林小路

◀ 灯诱来的一只小型锹甲，发现它
时，它就落在一片草叶上

▲ 蕨类植物上，叶蜂的种类和数量都不少

▲ 耳叶蝉像极了古代的盔甲武士

▲ 狭叶红蟌，是高山溪流区域的优势种

▲ 难得见到的蟌产卵，这个种类并不直接产在水里，而是产在潮湿地带的树枝上

▲ 溪水中的蛙，雌雄的个头对比也太强烈了吧，小的是雄的

▲ 被惊动的绿鳞短喙象，
振翅飞走的瞬间

　　但自怀的特点是，拍摄轻松愉快，身边风景好，溪水优美，野花多到你看不过来，至于昆虫，其实也发现了足够多的有趣种类。

　　在这里，和昆虫有关的那一部分自然，并不打算轻易敞开胸怀，需要我们更多的耐心。

　　有一次在一户农家院坝里灯诱，整整几个小时，除了几只常见蛾子，一无所获。到午夜十二点，一只独角仙笨重地从空中几乎垂直地落下来。紧接着，一只蚁蛉轻盈地飞过来，停在灯光照亮的台阶上。一个沉闷的晚上就戏剧性地逆袭了。

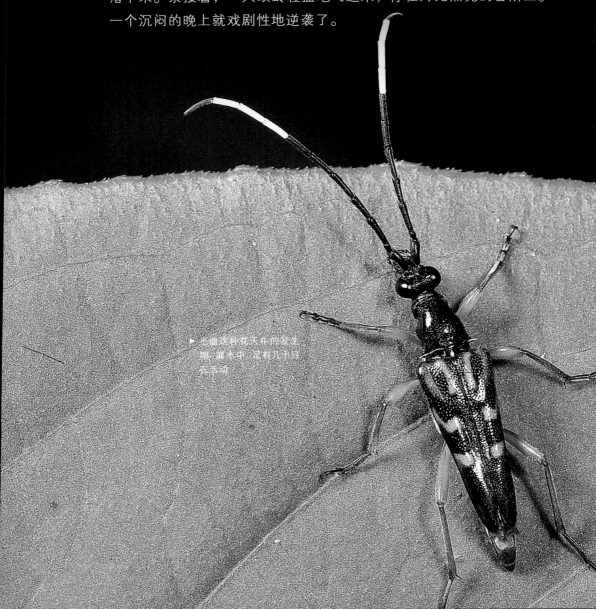

▶ 正值这种花天牛的发生期，灌木中，总有几十只在活动

▲ 雌性隼螅

▼ 晨光中, 一只雄性隼螅, 可能温度还不够高, 它待在那里, 受到惊动也不飞走

赤水 Chishui

赤水的峡谷，更为开阔，落差也非常大，因此带来了不少漂亮的瀑布。景致最美的是十丈洞，最考验体力的是燕子岩，行走最轻松的是四洞沟。这些地方，都有精灵般的昆虫四处活动。

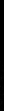

▲ 秋海棠遍布林下，几乎连成了片

◀ 十丈洞峡谷幽深，参天古树很多

◀ 第一次见到黄色的螳螂！它正居高临下地注意着我，没有一点害怕的意思

▲ 石壁下面的沙土里发现蚁蛉幼虫的旋涡状陷阱，沿着石壁仔细搜索，果然发现一只蚁蛉成虫

　　应该说赤水的多处森林和溪沟，都非常适合发现和拍摄昆虫。当然，这里遇到的烦恼是，游人总是很多，好奇地凑过来的路人甲、乙、丙，很容易惊飞你屏住呼吸观察的物种。另一个烦恼是可能因为安全原因，夜晚无法进入景区，这样，工作时间减少了很多。

▲ 灯诱来的鱼蛉，看上去很凶猛

▲ 地图蝶

▲ 捻带翠蛱蝶，这种蝶和其他蝶不同，雌雄基本同型，很难进行区分

▲ 四洞沟颇多竹林，在竹竿上发现一种半翅目昆虫，疑似危害竹子的害虫，不过长得还有点意思

▼ 叶蝉若虫

▲ 瘤鼻象蜡蝉若虫

　　赤水的灯诱，也有很好的成绩。有一次在燕子岩山门前灯诱，很多蝶角蛉飞过来，在灯前表演悬停，场面相当可观。

　　离开热闹的景区，赤水其实有很多安静的好地方，比如从赤水到古蔺那条路，景致极美，植被繁茂，那一带是值得好好沉浸其中的。

▲ 花蚤喜欢不停地在树叶上踱步，它复眼上斑点状的花纹很有意思

▲ 赤水自然保护区内的步道

Huangjing
Laolin

黄荆老林

黄荆老林可以说兼有赤水和自怀的特点，有自怀那样幽深的山谷，也有赤水开阔的河床和漂亮的瀑布。其中八节洞的植被环境与赤水的十丈洞十分接近，但是溪水更平缓，峡谷更开阔。这是一个新开发的景区，周末以外游人较少，不像赤水景区内的道路那样人来人往，很适合考察。

在黄荆老林做灯诱，我遇到过类似海南尖峰岭的烦恼——尖峰岭那些成群结队，从空中奔涌而至的大燕蛾，快让我崩溃了，这里换了个物种，同样成群结队，铺天盖地而来的是樗蚕——一种天蚕蛾。它们先头部队刚来的时候，我还统计了一下头数。半小时后，我就数不过来了，樗蚕差不多把灯下的布完整地遮盖了一层，而且，它们还在源源不断地来。

◀ 溪沟密布的黄荆老林，靠近水边有各式各样的蜻蜓，图为同伴在蹲守蜻蜓

◀ 溪谷两边，都是茂密的树林

▶ 第二天,草丛中发现叶
蝉若虫,它与昨晚那只
叶蝉是同一个种类吗?

▲ 灯诱来的叶蝉,它进化出这么长的"鼻
子",必定有我们不知晓的缘故

▲ 巨腿螳若虫，像不像一个拳击手，因此有人称这种螳螂为拳击师螳螂

▲ 巨腿螳若虫的防守姿式，身体缩得像一个小团

▲ 金绿宽盾蝽

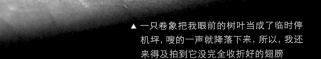

▲ 一只卷象把我眼前的树叶当成了临时停
机坪，嗖的一声就降落下来，所以，我还
来得及拍到它没完全收折好的翅膀

    其他灯诱来的小型昆虫，被它们扑腾得七零八落，
我最后的措施是把灯关了，错过晚上八点钟左右它们的
活跃时段，才重新开灯。

▶ 孔雀般的开屏，这是广
翅蜡蝉的若虫。我正在
拍摄的时候，它转过身
去了……好吧，其实这
个角度也挺好看的

◄ 晚上，我的手电筒照到了一只威风凛凛的巨腿螳，它有着拳头一样的捕捉足

▲ 被惊动后，它缓慢地转移到另一片树叶上，就一动不动了

◄ 袖蜡蝉，喜欢躲在叶子的背面。要把叶子翻过来才能找到它们，幸好，我在黄荆老林翻看了很多叶子

▶ 羽化中的螽斯，就像暗夜里静静开放的花朵，我总觉得听到了它们撕破旧衣的声音

　　黄荆老林的密林方圆有几十公里，除了八节洞，笋子山、白水洞都有着极好的植被环境。笋子山山路崎岖，车只好停在半路，步行上山，野花铺满小道两旁。放眼望去，天然阔叶林层层叠叠。但是往官山方向，更多是人工林，树种以马尾松居多，应该是机播成林的，那一带考察价值就相对低些。

▲ 在住宿地屋后的地里，发现一只春蜓

▲ 罕见的球胸虎甲，这一带很多，但是很难接近，它们的警惕性太高，

▼ 路过的树，经常都有变色树
蜥在偷偷观察你

茂兰笔记：停顿
时光的

Chapter nineteen

贵州茂兰自然保护区的喀斯特森林是一个神奇的存在。它是一个充满自然奇迹，能给人以启发的地方。

让我们想象一下：在遥远的时代，那里本来是被雨水冲刷得干干净净、无边无际的岩石堆，雨水顺着岩石漏斗，转入地下，成为神秘地下河流。泥土被搬运到注地，堆积成平坝。本来，这一带就应该像其他喀斯特地貌一样：不着泥土的岩石山，由于缺乏营养导致只由灌木和杂草来装点山顶，而接近沟壑的溪畔，才会有树林存在。

▲ 茂兰溪谷密布

▲ 野生兰花

努力挖洞筑巢的泥蜂

一只马蜂，体形硕大

但是，自然在这里破例了，它发明了新的平衡，脆弱而精彩的平衡——不知始于何时的植物群阴差阳错生存了下来，同时不断用越来越强大的根须，编织出了无数看不见的网，这些网把坚硬的岩石紧紧裹住，落叶、泥土就在网里积累下来，同时保持着水分和营养，支持树林继续扩张、生长。

茂兰的喀斯特森林就是这样的例外，这样的不可思议的森林。是雨水的无情冲刷与植物的激烈反抗中的一次互相妥协。这样的妥协，本来只可能是暂时的，就像时光的一次停顿。但是，这一停顿有可能已历经万年。

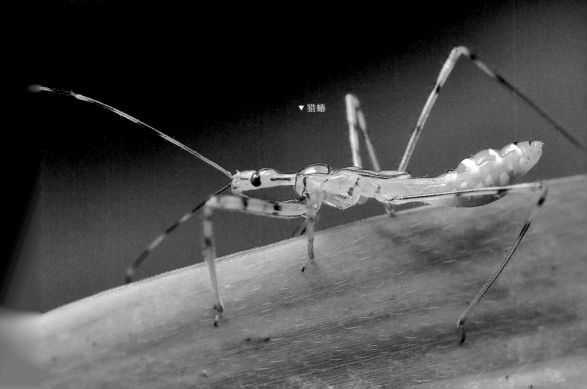

▼ 猎蝽

▲ 卷象

▲ 伪装成鸟粪的蜘蛛

在这样的平衡中，两百平方千米的地区里，适合山顶、洼地、湿地的植物，终于各安其位，年年繁茂。

茂兰自然保护区由此成为科学家们关注的物种基因库。比如，野生兰科植物就有百种以上。对昆虫爱好者来说，茂兰也是一个极具吸引力的地方，历年科考，积累了很多令人惊喜的发现，独特物种还特别集中在昆虫方面。

以上描述，我和同伴盛夏在茂兰穿行时，复习了很多次，不是靠对资料的记忆，而是用脚步和眼睛去一遍遍印证。每一次印证，都让我们感叹、惊喜不已。

由于不同区域的植被和物种差异很大，每一次步行考察，都会有完全不同的体验和感受。

▶ 灰翅串珠环蝶

◀ 苎麻珍蝶

黄襟弄蝶

▲ 黄豹盛蛱蝶

▶ 白斑眼蝶

◀ 荔蝽若虫

▲ 蜡蝽若虫

　　我把在茂兰逗留一周的几次穿行线路□下来：一、沿青龙潭下行及拉滩瀑布至水□树林一带，潮湿的溪谷、亲水植物和昆虫□多，景色秀丽宜人；二、在保护区东南部□越漏斗森林，崎岖难行，比较艰苦；三、□板寨以西，在保护区核心区周边绕行，步□时间较长；四、石上森林登顶及环山步行；□农耕区与原始林交叉地带的穿行，阳光下□路虽然平坦，但强烈的阳光和炎热也考验□们的毅力。

它们是五个全然不同的世界，就像风格截然不同的画展，只是，它们是立体的，包围着你，包含着你，而且，在你的呼吸和笑容中。

盛夏的茂兰，几乎就是一个活的各种蝉类的博物馆，有着太多的不可思议的物种。

当然，要读懂它，也是有难度的，这需要访问者有足够的观察能力和耐心。和这个亚目的大型种类（比如蝉）不同的是，小型物种飞行能力普遍较弱，它们需要更加隐蔽自己，因而，它们进化出各种欺骗天敌的本领。最让人津津乐道的是，生活在洋槐树上的角蝉，它们看上去真的很像一对小刺，酷似到令人惊叹的地步。

◀ 荔蝽成虫

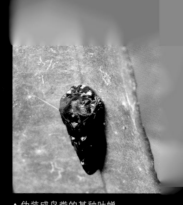

我在青龙潭溪边的一簇大花醉鱼草上发现了一种叶蝉，它简直就像一团鸟粪，而且，即使是我的手指不小心触碰到它，它也一动不动。这非常反常，一般叶蝉会在有东西靠近时，迅速利用发达的足把自己弹射出去。事实上，我是第三次观察醉鱼草的叶子，才发现这几只黑色叶蝉的。前面两次，我都把它们错认成了鸟粪——它们成功地欺骗了我。

▲ 伪装成鸟粪的某种叶蝉

相比这种叶蝉，蛾蜡蝉的隐身术是比较失败的，我感觉它们是在笨拙地模拟树叶，但不是很像啊，在树枝上一眼就能看出来。或许正是因为这个原因，蛾蜡蝉更喜欢躲在阔叶的下面，或树叶茂密遮挡的树枝上。有些蛾蜡蝉还喜欢群聚，这也是一种保护自己的方法。我一直有一个观点，喜欢群聚的，通常不是高明的拟态专家。高明的拟态专家，是孤独的、自信的可以独自隐身大自然中并生存下来。

▲ 雄性扇螅，后足部
分膨大成扇形

▲ 丽纹广翅蜡蝉

▲ 某种蛾蜡蝉

▶ 某种蛾蜡蝉

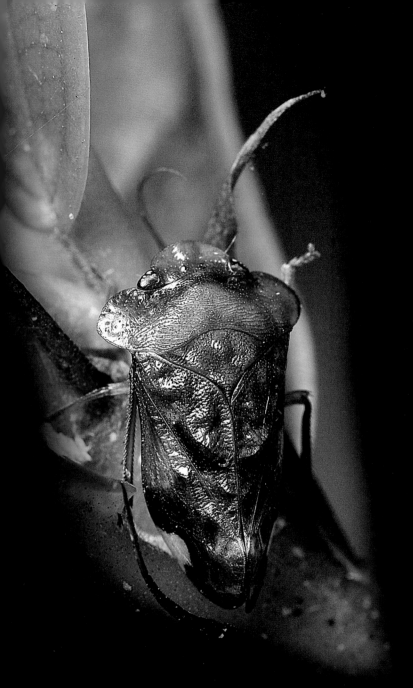

▲ 一种较罕见的叶蝉，
种类不详

▲ 叶蝉

▲ 长袖蜡蝉

▲ 蟪象若虫

夜晚，只要没下雨，找个农家的屋顶搞灯诱，是最惬意的事。

茂兰的山民，淳朴好客，在不同的地方，我询问过三家人，都非常热情地愿意提供屋顶或院坝让我们挂灯。后来我们真就在其中一家的屋顶上把电灯点亮了。

这是一幅电影场景式的画面：灯光孤独地照亮无边无际的黑暗，远处的森林露出轮廓，光影里看得见无数蜉蝣的翅膀闪动。我们在灯光下忙碌着清理被灯光引来的各种昆虫，看有没有感兴趣的。旁边是一群端着碗边吃饭边看热闹的小孩子。他们忽闪着眼睛，很乐意在我们需要时来掺合一下。而主人，每过一会儿，就跑来问我们——是不是真的不想和他们一起喝一杯。

▲ 蜡蝉总科未知种类若虫

▲ 蜡蝉总科未知种类若虫

茂兰的热心肠让我们心里暖洋洋的，我有时停下工作，和他们聊起家常，听他们抱怨生活的不易，回答他们提出的问题——在他们眼里，我们的工作是奇怪的，他们看不出这些虫子有什么好玩的，记录它们、拍摄它们有何意义。

　　终于，夜深了，人们散去，灯光周围清静下来。这清静中其实有另外的热闹：轻盈的蜉蝣、草蛉总是不动声色地停在我们布置的白布上；锹甲这类大型甲虫，则像石块一样从天上扔下来，还能摔出音；知了也会赶来，它们会非常闹腾，在灯前一地上胡乱打旋，发出尖锐的叫声；各种蛾类则是精力过剩地在灯光周围扑来扑去，永无休止。

　　灯光下因而成为舞台。在我的眼中，有时候主角是屏顶螳，这是一种头顶上长着角的漂亮螳螂，你永远不知道它们是什么时候飞来的，无声无息就到了，它们离开时也是这样。它们是不畏惧镜头的出色演员，总是有着层出不穷的各种卖萌动作。

▲ 草蛉的卵

▲ 屏顶螳

▲ 梳理触角是所有螳螂的爱好

▲ 鬼脸天蛾

▲ 蝎蛉

　　有时候，主角是一只鬼脸天蛾，它其实停下来后是很安静的，可以一直待到天明才很不情愿地飞走。当然，这是在你不招惹它的情况下。有一次，一只停得很安静的鬼脸天蛾被一只甲虫撞到了地上，它居然一边扑腾，一边发出吱吱的声音。这种天蛾的背上有一个形似戏剧脸谱的图案，所以得了这个名字。

▲ 灯诱来的锹甲

▼ 一对锹甲

往往来得最晚的是天蚕蛾，当雄性天蚕蛾拖着长长的尾巴来到的时候，灯诱就差不多进入尾声了。天蚕蛾雌雄受灯光吸引而来的时间是不一样的，雌的先来，雄的后到，中间有时有几个小时的间隔。为什么会有这样的间隔，始终想不明白，我猜其中必有一个进化故事。我一般在这个时候一边心满意足地收拾东西休息，一边揣摩着接下来的一天会有一些什么样的奇遇。

后 记 HOUJI

　　2007年《昆虫之美》出版以来，到野外考察和拍摄，闲时整理图片和笔记，仍是我最热爱的生活内容。我的责编梁涛女士和朋友们都鼓励我出版《昆虫之美》的后续。我也有这个愿望，但事务繁忙，很难有整块的时间来写作和编辑。所以原计划在《昆虫之美》3年后出版的这本书，一直拖到了眼前的2015年。

　　其实这几年我一直在断断续续地整理野外笔记，随着年龄的增长，图片和文字都在发生变化。刚开始拍摄昆虫的时候，总想利用昆虫这不起眼的素材，拍出惊人的照片，追求神奇的光影效果，文字也想尽量表达出主观和自我的诗意。而到后面，我发现，我对自然越热爱，我的镜头和笔也会相应变得越谦逊。大自然的环境和物种已具备了足够的诗意，只需要我们如实记录。而镜头放得越低，微小的生命就会显得分外尊贵。文字也是一样，我自己的笔记很多只是如实记录，或者向读者分享野外工作的心境，希望对其他的自然爱好者有用。

　　需要说明的是，本书多数篇章源自热带雨林考察时的笔记，但考虑到这个阶段作品的完整性，也收录了少量有代表性的热带或亚热带原始森林的笔记，如茂兰、白怀等。

　　然后到了这篇后记的重点，我要感谢一起野外考察的同伴（张巍巍、涵秋、任川、西叶、寒枫、公鸡、业余摄影、张志升、李若行、荷香、黛丝、黎宏等）——在寻找昆虫和协助摄影等方面对我给予帮助，感谢昆虫相关专业的专家学者们（张巍巍、刘晔、陈尽、王宗庆、车艳丽等）帮我鉴定物种，我还要特别鸣谢云南西双版纳望天树景区、西双版纳热带植物园、海南五指山国家级自然保护区给我考察时提供的特别便利。以上人士和机构，对本书都贡献巨大。

好奇心重点书

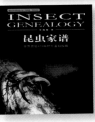

中国昆虫生态大图鉴　张巍巍　李元胜

中国鸟类生态大图鉴　郭冬生　张正旺

常见园林植物识别图鉴　吴棣飞　尤志勉

常见兰花400种识别图鉴　吴棣飞　叶德平　陈亮俊

中国湿地植物图鉴　王辰　王英伟

昆虫家谱　张巍巍

雨林密境　李元胜

精灵物语　李元胜

中国最美野花200　吴健梅

野外识别手册

常见植物野外识别手册　刘全儒　王辰

常见昆虫野外识别手册　张巍巍

常见鸟类野外识别手册　郭冬生

常见蝴蝶野外识别手册　黄灏　张巍巍

常见蘑菇野外识别手册　肖波　范宇光

常见蜘蛛野外识别手册　张志升

常见南方野花识别手册　江珊

常见蜗牛野外识别手册　吴岷

常见天牛野外识别手册　林美英

自然观察手册

云与大气现象　张超　王燕平　王辰

天体与天象　朱江

中国常见古生物化石　唐永刚　邢立达

矿物与宝石　朱江

岩石与地貌　朱江

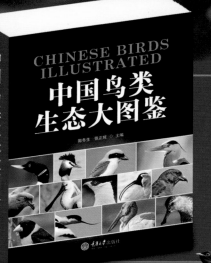